如何

登上成功的顶峰呢?

本书从发生在我们身边的鲜活事例中采撷一些小故事,

通过成功者的成长和奋斗经历,

以及他们的经验和感受,给后来者以启迪。

中易
汇海

教你走出人生低谷

李松仁◎编著

吉林出版集团股份有限公司

图书在版编目（CIP）数据

教你走出人生低谷 / 李松仁编著. — 长春 : 吉林出版集团股份有限公司, 2018.7

ISBN 978-7-5581-5559-8

Ⅰ. ①教… Ⅱ. ①李… Ⅲ. ①成功心理－通俗读物 Ⅳ. ①B848.4-49

中国版本图书馆CIP数据核字(2018)第155708号

教你走出人生低谷

编　　著	李松仁
总 策 划	马泳水
责任编辑	齐　琳　史俊南
封面设计	中易汇海
开　　本	880mm × 1230mm　1/32
字　　数	200千
印　　张	9.5
版　　次	2019年10月第1版
印　　次	2019年10月第1次印刷
出　　版	吉林出版集团股份有限公司
电　　话	（总编办）010-63109269
	（发行部）010-67482953
印　　刷	北京欣睿虹彩印刷有限公司

ISBN 978-7-5581-5559-8　　定　价：42.00元

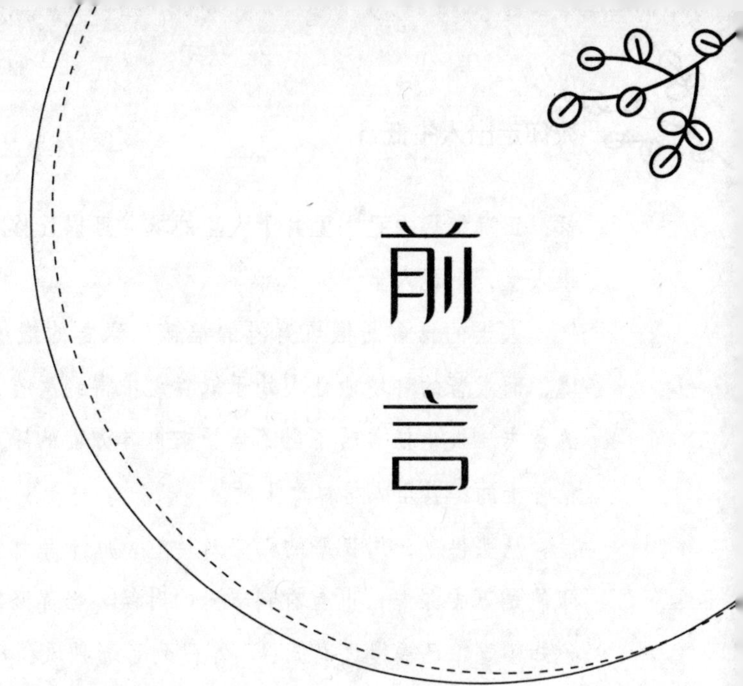

前言

如果你不想一直在低谷里趴着，那就想办法往外爬。如果你不动，再小的低谷也走不出去；只要你行动，再大的盆地也有走出去的时候。人这一辈子有沟有坎太正常了，我记得看过一段话：人生就像心电图，有起落才说明你在活着。如果是一条直线，那么说明你已经死了。

很少有人一生中平平淡淡地过下来，都是起起伏伏的。例如，互联网的大佬们，马云、李彦宏、马化腾等。只要我们不迷失自己就行。不要太过于悲观，想不开。还有一句老生常谈的话，机会是留给有准备的人的，好好打磨自己，为自己迎来下一个机遇。

人往往看不清自己，总是在逆境的时候才肯回过头来看看自己到底是个什么样子，只有通过实践的验证才知道自己是怎么回事。只有经历了实实在在的阵痛，以后的人生道路才会谨言慎

行，正确把握自己，置身于人生的低谷可以让你在低谷中学会品味人生，审视人生。

人生的低谷是锻炼意志的摇篮。意志的锻炼需要艰苦的环境，而艰苦的环境能让人处于低谷之中得到反省，也更能锻炼人的意志。人生低谷时不得不承受来自各方面的压力，生活上的、精神上的，甚至人格尊严上的。

从头再来，用良好的心态对待它，原来超越它并不是很难，即使是万丈深渊，也有看到曙光的时候。当你坚定了信念，其实不知不觉中已慢慢远离低谷，享受到了那种风和日丽的宁静。

其实没有什么可以阻挡你前行的路，关键看你是否具备一个正常的心态和坚强的意志。红尘中有太多茫然痴心的追逐，向前走，就不要回头望，花花世界，人生如梦一场，有人哭，有人笑，有人输，有人老。

如何才能突破自我，冲出谷底登上成功的顶峰呢？本书从发生在我们身边的鲜活事例中采撷一些小故事，透过成功者成长和奋斗的经历，以及他们的经验和感受，给后来者以启迪。

在这本书中，我们只想做个引路人的角色，让所有的读者能在我们的引领下，打开一扇门——其中有启人心灵的感悟，有充满禅趣的对话，有令人莞尔的幽默，有灵光一闪的机智，但更多的是一个个精妙绝伦、开启心智的小故事。

目录

目录 / 教你走出人生低谷 /

第四章 走出低谷：目标是内心强大的力量

第五章 走出低谷：做好飞跃的一切准备

目录

第六章　走出低谷：要不断地给自己充电

第七章　走出低谷：不要给自己留后路

第八章　走出低谷：学会借用他人的力量

目录 / 教你走出人生低谷 /

第一章

走出低谷：要选择积极的心态

人生有巅峰也有低谷。巅峰总是让人仰慕，低谷总是让人畏怯。这毫不奇怪，在低谷，生命自然会感到某种难以承受的压力。这种压力既有生理上的，也有心理上的。生命步入低谷，不免茫然回顾。

人在旅途，难免会有一些坎坷，低谷也是生命中不可回避的一段旅程，有低谷才会有高峰，低谷是通向巅峰的伟大起点。许多志在巅峰者，他们也是从低谷起步的。从古到今，没有一个人敢言，自己的一生是“只见彩虹，不见乌云”。人的一生总是在曲折中度过，当你遭遇低谷时，不要为身处低谷而感到惶恐，如果你能勇敢地面对现实、面对自我，你就有足够的勇气去挑战一切，战胜一切。

命运靠自己主宰

心态是人情绪和意志的控制塔，心态决定了行为的方向与贡献。荀子说：“心者，形之君也，而神明之主也。”意即“心”是身体的主宰，是精神的领导。心态使人做出超常的行为。

苏东坡与佛印和尚友情甚笃，但二人喜欢言语相讽，各不相让，经常是苏东坡占下风。有一次，苏东坡问佛印：“你看我像什么？”“我看你像尊佛。”佛印说。苏东坡暗喜，随即就问佛印：“那你可知道我看你像什么呢？”“像什么？”“像一堆屎。”佛印语塞，苏东坡哈哈大笑。

回家后，苏东坡面带笑容哼哼唧唧。苏小妹见状问道：“哥哥，什么事这么高兴呀？”“哼，佛印这次总算栽在我手里了！”苏东坡得意地说。问明原委，苏小妹大叫道：“哥哥，这次你输得更惨了！”“为什么？”苏东坡急忙问。苏小妹说：“因为内心有什么，外在才看到什么。心中有佛，看别人才是佛；心中有屎，看别人就是屎！”客观现实本来都是一样的，但一经各人“心态”诠释后，便代表了不同的意义，因而形成了不同的“事实”、环境和世界。心态改变，则“事实”就会改变。心中是什么，则世界就是什么。

1. 选择自己的心态

请看下面的故事：

有位秀才第三次进京赶考，住在一个经常住的店里，考试前两天他做了三个梦：第一个梦是梦到自己在墙上种白菜；第二个梦是下雨天他戴了斗笠还打伞；第三个梦是梦到跟心爱的表妹躺在一起，但是背靠着背。

这三个梦似乎有些深意，秀才第二天就赶紧去找算命的解梦。算命的一听，连拍大腿说："你还是回家吧，你想想，高墙上种菜不是白费劲吗？戴斗笠打雨伞不是多此一举吗？跟表妹都躺在一张床上了，却背靠背，不是没戏吗？"

秀才一听，心灰意冷，回店收拾包袱准备回家，店老板非常奇怪，问："不是明天才考试吗，今天你怎么就回乡了？"秀才如此这般说了一番，店老板乐了："哟，我也会解梦的。我倒觉得，你这次一定要留下来。你想想，墙上种菜不是高种吗？戴斗笠打伞不是说明你这次有备无患吗？跟你表妹背靠背躺在床上，不是说明你翻身的时候就要到了吗？"

秀才一听，觉得更有道理，于是精神振奋地参加考试，居然中了个探花。

积极的人，像太阳，照到哪里哪里亮；消极的人，像月亮，初一十五不一样。想法决定我们的生活，有什么样的想法，就有什么样的未来。一个人能否成功，就看他的态度，成功人士与失败人士之间的差别是：成功人士始终用最积极的思考、最乐观的精神和最辉煌的经验支配和控制自己的人生；失败者刚好相反，他们的人生受过去的种种失败与疑虑所引导和支配。

有些人总喜欢说，他们现在的境况是别人造成的，环境决定了他们的人生位置。这些人常说他们的情况无法改变，但是我们的境况不是周围环境造成的，说到底，如何看待人生，由我们自己决定。德国纳粹某集中营的一位幸存者维克托·弗兰克尔说过："在任何特定的环境中，人们还有一种最后的自由，就是选择自己的态度。"

2. 心态由我做主

长途客车在行进途中，原本晴朗的天空，霎时大雨滂沱。副驾驶员对司机说："这鬼天气，说变就变，真够烦人！"

司机稳握方向盘，说道："老天爷替咱们免费洗车，有何不好，应当高兴才是啊！"司机说后，副驾驶员与司机二人的脸上都一下子漾开了笑意。

副驾驶员说道："你真会想啊！"

司机道："不会想又能怎样？你又无法改变现状。既然如此，遇事为何不往好的一面想呢！"

这时，车上众人一阵沉默，随后都露出一种若有所悟的表情，每个人的眼神都好像晶亮不少。大家心中充满了无限的活力，好像要换种心境去品尝生活的快乐！

人只有控制好自己的心态才能主宰自己的命运。影响你心态的，不是上司，不是同事，不是父母，也不是失败，而是你自己。

外界事物的变化，别人的所思所行，都不是我们的责任，他们只为自己的反应负责。决定我们自己的是我们的态度；你怎么想，怎么反应，全凭你自己。积极还是消极，自己的心态自己决定。

成功学大师拿破仑·希尔说："积极的心态，就是心灵的健康和营养。这样的心灵，能引来财富、成功、快乐和身体的健康。消极的心态，却是心灵的疾病和垃圾。这样的心灵，不仅排斥财富、成功、快乐和健康，甚至会夺走生活中已有的一切。”

心态决定你的方向

著名思想家弥尔顿曾说：思想运用以及思想本身，能将地狱变成天堂，抑或将天堂变成地狱。《菜根谭》亦有云：成佛不难妙在心转，西方不远一念之间。就像要让影子留在前面还是在身后一样，完全决定于你往哪个方向走。人生在世，乐观与悲观，成功和失败，其实两者间的距离并不遥远。

1. 心态决定创业的成败

创业过程中，人们随时会碰到困难和挫折，甚至还会遭遇致命的打击，在这种时候，心态的积极与消极会对创业的成败产生重大的影响。

还是从一个经典的故事说起：有两家鞋厂分别派了一位推销员到太平洋上的一个小岛推销鞋子，这个岛地处热带，岛上居民一年四季都光着脚，全岛上找不出一双鞋子。一家鞋厂的推销员很失望，给公司本部拍了一份电报：岛上无人穿鞋，没有市场。第二天，他就回国了。而另一家鞋厂的推销员看到这个岛上没人穿鞋，心中大喜，他住了下来，也立即给公司拍了一份电报：岛上无人穿鞋，市场潜力很大，请速寄 100 双鞋来。

等适合岛上居民穿的软塑料凉鞋寄到岛上，这个推销员已与岛上的居民混熟了。他把 99 双凉鞋送给了岛上有名望的人和一些年轻人，自己留下了一双穿。因为这种鞋不怕进水，又可保护脚不受蚊虫叮咬和石块戳伤，岛上居民穿上之后都觉得很舒服，不愿再脱下来。时机已到，推销员马上从公司运来大批鞋子，很快销售一空。一年后，岛上居民就全部穿上了鞋子。

同是两个推销鞋的员工，第一个是以消极的心态出现，他只好以失败而告终；第二个是以积极的心态出现，最后成了百万富翁。这就告诉我们，心态在很大程度上决定了人生的成败。

积极的心态必须是正确的心态。正确的心态总是具有“正性”的特点。例如，忠诚、仁爱、正直、希望、乐观、勇敢、创造、慷慨、容忍、机智、亲切和高度地通情达理。具有积极心态的人，总是怀着较高的目标，并不断奋斗，以达到自己的目标。

消极的心态则具有与积极的心态相反的特点。如果说，积极是人类最大的法宝；那么，消极就是人类致命的弱点。如果不能克服这一致命的弱点，你将失去希望之所在，并失去希望之所由，悲伤、寂寞、烦躁、颓废、痛苦，世界将因此毁灭。

2. 做个快乐的强者

我们虽有很多弱点，但我们不是弱者。积极心态的树立，将使我们很快地摆脱消极心理的阴影，成为一个快乐的强者！

变成世界上最重要的人，那个人就是你。你的成功、健康、幸福与财富依靠你，如何应用你的看不见的法宝呢？这由你自己选择。

你的心理就是你的不可见而恒定的法宝，它的一面装饰着“积极的心态”五个字，另一面装饰着“消极的心态”五个字。积极的心态具有吸引真善美的力量，而消极的心态则完全排斥它们，正是消极的心态剥夺了一切使你的生活有价值的东西。

不要由于没有成功就责备这个世界不够完美，这是可笑与可鄙的。你要像所有成功者那样发展自己火热的谋求成功的愿望。怎样发展？把你的心放在所想要的东西上，使你的心远离你所不想要的东西。

不要拒绝所有的励志书籍与他人的帮助和指引，更不要拒绝自己内心的冲动。

对于那些具有积极心态的人来说，每一种逆境都含有等量的或更大利益的种子。有时那些似乎是逆境的东西，其实是上升的好机会。你愿意花费时间从事思考以便决定你怎样才能把逆境化为等量或更大的利益吗？请这样回答：我当然愿意！

请接受这样一件无价的礼物——欢乐的劳动；寻求人生的最大价值；热爱人们，为人们服务。

绝不能低估消极心态的排斥力量，如不重视，你未必是它的对手。它能阻止人生的幸运，不让你受益。

你能由失望而得到好处吗？是的，失望已被我积极的心态转化为励志的希望了。某些失望正是新希望的开头呢！请对你的朋友说：嘿，我失望了，但我终于想通了！

继续工作！重新端正自己对生活、工作与学习的态度，并且把今天的挫折转化为明天的动力。是的，我很不满意！为此，我要……不不，不是颓唐，而是努力！请相信，每当这时，积极的心态可以拯救你的困惑或苦难，并把那些似乎不可能的事转化为现实。你要对自己热情（可以略带忧郁）、快乐而肯定地说："我没有失败，让我继续工作！"你有这种勇气吗？只有勇敢者才可能是强者。

不要让自己老是觉得委屈，顾影自怜。成功是由那些具有积极心态的人所取得的，并由那些以积极的心态努力不懈的人所保持的。

积极的心态将带领我们走出人生的低谷，克服人生中的磨难，使我们成为强者，勇敢者，胜利者，成功者。

3. 人为什么会消极

消极心态的形成，不是从天上掉下来的，也不是天生的，而是受环境、教育的影响，潜移默化而逐渐形成的。

一个消极的苦果，便足以毁坏我们生活的某一个方面，甚至对整个人生历程产生巨大的不良影响。人大致有 54 种消极情绪和表现，消极的苦果，皆由日久天长养成的种种人类习性所引发。

缺乏目标

就是缺乏人生的目的和方向，缺乏自己生活的意义和存在的价值。不知道自己想获得什么；不知道为什么而活着；不知道命运在自己的掌握之中；不知道自己的工作会怎样，生活会怎样，家庭会怎样，财富会怎样；没有动力，没有激情，没有信心；看不到机会，无法把握自己的心态、生活、工作和学习，一如水上浮萍东漂西荡，不知何去何从。

没有贫穷的人，只有没有目标的人。世界上最贫穷的人，就是没有目标的人：因为连“梦想”都没有，还会拥有什么？

害怕失败

害怕失败的原因，是我们每个人在成长的过程中都遭受过无数的挫折，于是，失败的恐惧感时常伴随着我们。这种恐惧感来自由过去“伤害”（遭挫折、被耻笑）的记忆所造成内心的胆怯和懦弱，从而产生消极的想象力和预期的失败感。

当人们在做出一个新的决定时，心态消极的人往往想到曾经遭受过的失败景象，于是忧虑退缩，裹足不前。

害怕被拒绝

在生活中我们遭到过太多的拒绝，父母拒绝我们，老师拒绝我们，朋友拒绝我们。我们听到过太多的“不”——不行、不能、不好、不可以……于是在内心深处留下了障碍。当我们需要帮助的时候，被拒绝的种种可能就立刻出现。害怕遭到耻笑和打击，害怕失去自我信心的恐惧，妨碍我们开口求助，阻碍我们前进。

埋怨与责怪

人们一旦遇到问题和障碍时，总是找借口、找理由，其目的就是推卸责任，把自己所遇到的一切“不利”都推给外界和别人。其根源是内心的渴求与现实的不一致。在他们不能正视困难面对自我，不能达到心理平衡时，就自然而然选择了一种逃避行为，即把责任归咎于别人。他们对自我的认识和把握不够，总认为自己是受害者，是可怜者。

否定现实

在现实生活中，无法面对不如意、不利的事物，于是夸大障碍，找借口来逃避，从不找自己的原因。这是一种懦弱、胆怯和无能的表现。

做事半途而废

不明白人生历程实质就是克服困难的过程这一道理，对事业没有坚强的信念和决心，不能坚持到底。在遇到困难的时候，首先想到的就是挫折可能带来的种种伤害。于是认为不可能实现，不可能达到，不可能成功，迅速放弃自己原有的努力。

做事半途而废，主要还是由于“害怕”。“害怕”是因为对自己没有把握，自认能力不够，自信不足，同时，总看到事物消极失败的一面，因而显得胆小、脆弱、忧虑、犹豫，找借口（推卸责任）。随着事态的发展，害怕的程度与日俱增。害怕承担责任，使心态轻易就超过承受的极限，于是开始推卸责任。推卸责任最常见的方式就是埋怨与责怪，以进为退，为自己开脱，似乎总是他人不好，他人不对。极端的情况便是否定现实，扩大障碍，以期用别人的同情来掩盖自我的空虚，一旦找到借口，便主动打退堂鼓，最终半途而废。半途而废的事情一旦经常发生，成为习性，必然导致恶性循环，加重忧虑、犹豫的态度，从而更加胆小脆弱。一如《诗经》所言：战战兢兢，如履薄冰。这样，人生必然举步维艰，一事无成。

对未来悲观

就像下坡比上坡容易一样，人类似乎天生有“悲观”的倾向。要积极很困难，要消极很容易；要乐观很困难，要悲观很容易。悲观的情绪像瘟疫，会迅速传染开去。悲观与前面几大习性有关，可称作一种消极的“并发症”。因缺乏人生的意义与目标，必然心胸狭隘，目光短浅，看不到美好未来；因害怕半途而废而无成就感，必定自惭形秽，因而得过且过，表现得十分自私；为了保持做人的最后一点点“尊严”，必然要以愤世嫉俗、牢骚满腹、猜疑忌妒、易怒等方式来发泄，以缓释内心深处的悲哀。

好高骛远

好高骛远，表现为不切实际地空想，把成功寄托于一些不可能发生的荒唐想法上。比如，想象自己与某大明星结婚啦，自己一下变成大人物啦……经常在这种“幼稚”的心态下生活，必然加重“侥幸”的心理，而不愿脚踏实地，拾级而上，奋斗成功。殊不知，要实现以上离奇的想法，也是要奋斗的。

好高骛远者为了弥补“理想”与现实的巨大反差，掩饰内心的空虚、脆弱和恐慌，必然做人做事虚伪，处心积虑贪图虚荣，以暂时麻醉自己。

朋友，你有过以上这样的情形吗？如果有，请尽快从消极心态的阴影里解脱出来。记住德国人爱说的一句话吧：“即使世界明天毁灭，我也要在今天种下我的葡萄树。”

美国宾夕法尼亚州立大学的塞利格曼教授曾对人类的消极心态做过深入的研究，他指出了三种特别模式的心态会造成人们的无力感，最终毁其一生。它们分别是：

永远长存

即把短暂的困难看作永远挥之不去的怪物，这是在时间上把困难无限延长，从而使自己束缚于消极的心态不能自拔。

无所不在

因为某方面的失败，从而相信在其他方面也会失败。这是在空间方面把困难无限扩大，从而使自己笼罩在失败的阴影里看不到光明。

问题在我

即认为自己能力不足，一味地打击自己，使自己无法振作。这里的“问题在我”，不是勇于承担责任的代名词，而是在能力方面一味地贬损自己，削弱自己的斗志。

让心灵充满愉悦

就像太阳每天都会升起一样，无论遇到什么样的困难和痛苦，日子还是会一天天地过下去。人一定要从低谷中改变自己的人生态度，不能被动地抱着梦想等待别人决定，要主动地掌握自己的命运。

任何事物都有积极的一面和消极的一面，关键就要看你的心态是积极的还是消极的。如果你是积极的，你看到的就是乐观、进步、向上的一面，你的人生、工作、人际关系等就都是成功向上的；如果你是消极的，你看到的就是悲观、失望、灰暗的一面，你的人生自然也就乐观不起来。

1. 做情绪的主人

将不快以适当的方式发泄出来，以减轻心理压力。

要敢于把自己不愉快的事向知心朋友或亲人诉说。当极其忧伤时，哭泣、读诗词、写日记、看电影、听音乐都是常见的宣泄方式。有位大学生感到忧伤烦恼异常，无意中打开收音机，节奏强烈的摇滚乐使他感觉好多了。这是一种音乐疗法。

多与人交往，摆脱孤独

每个人都有一种归属的需要，会习惯性地把自己视为社会的一员，并希望从团体中得到爱。研究发现人际交往有助于身心健康。当你真诚地关心别人帮助别人，无私奉献自己的一片爱心时，你会欣喜地发现，你获得的比你给予的更多。千万不要因为怕别人不高兴而把自己同他人隔绝开来。孤独只会使抑郁状态更加严重。

增强自信心，做情绪的主人

人在正常状态下是可以通过意志努力来消除不愉快情绪，并保持乐观心情的。只要你有意识地获取成功的体验，不在乎别人对自己的评价，善于发现自己的长处，你就能树立自信心。要学会容忍，培养坚忍的毅力，用积极进取精神取代消极思想意识，把事情看透，心胸开阔，情绪就能保持稳定。

2. 治疗悲观要靠自己

如何才能避开人生的可怜命运？西方哲学家叔本华认为，只有一个方法，那就是减少你的欲望，暂时摆脱人生的一切关系。

乐观态度或悲观态度，是人类典型的也是最基本的两种倾向，它影响着我们的生活方式。悲观态度是由精神引起而又会影响到组织器官。有一个意外的事故证明了这一点，一位铁路工人意外地被锁在一个冷冻车厢里，他清楚地意识到他是在冷冻车厢里，如果出不去，就会冻死。不到20小时，冷冻车厢被打开时人已死，医生证实是冻死的。可是，仔细检查了车厢，冷气开关并没有打开。那位工人确实死了，因为他确信，在冷冻的情况下不能活命。所以，极度悲观会导致死亡。

一位乐观主义者总是假设自己是成功的，就是说，他在行动之前，已经有了85%的成功把握。而悲观主义者在行动之前，却已经确认自己是无可挽救了。悲观的唯一好处就是不会有太大的失望。许多人都知道大发明家爱迪生的故事。他在寻找适合做灯丝材料的试验过程中，做了1200次试验，失败了1200次，就是找不到一种能够耐高温又经久耐用的好材料。这时，别人对他说："你已经失败1200次了，还要试验下去吗？"爱迪生回答说："不，我并没有失败，我已经发现有1200种材料不适合做灯丝。"正是这种积极乐观的态度激励他获得了最后的成功。

3. 保持愉快而积极的情感，减少或消除消极的情感

谁都希望自己的生活愉快而充实，但生活中总会有某些不如意的事像幽灵一样困扰着自己，使自己笼罩在阴影之下，诸如理想自我与现实自我的差距，被迫从事自己不感兴趣的工作，学习成绩不好或无端受到别人的指责，等等。面对这些不愉快的事，有些人能够妥善地处理，经过一段时间的努力使自己的心态恢复

平静。有些人则不能好好处理，要么诉诸愤怒和武力，要么独自哀怨叹息，而这些正是损害人们心理健康的大敌。

如何保持愉快而积极的情感，减少或消除消极的情感呢？

正确地评价他人和外部事物

愉快的情感应当是对客观评价态度的情感体验。心理学家将生活图式分为四种："我行——你也行""我行——你不行"，"我不行——你也不行""我不行——你行"。其中"我行——你也行"是一种能够维持愉快生活的情感方式，而其他三种都是有问题的。

保持情感适度的两极性

大喜或大悲对人的健康是有损害的，只有适度地控制，才能使人努力去实现目标。在快感度、紧张度、激动度和强度上加以调节，就会保持情感的最佳水平。

要有恰当的自我评价

与自我评价有关的情感影响个人的人际关系。在自我评价时，既要看到自己的优势，也要看到自己的不足，避免沾沾自喜或悲观失意，从而扬长避短、取长补短，根据自己的能力去调整自己的目标。一般来讲，目标应定在比自己的能力稍高的地方，这样在完成目标的过程中才能体会到充实和愉快。

体验此时此刻的情感

生活中不能回避目前的情感体验，因为我们不能停留在过去，也不能跨越到未来，而是生活在此时此刻。积极体验此时此刻的情感，是自我实现的显著特征之一。只有产生了好或不好的情感体验，才能有目的、有针对性地去调节它。

不要逃避自己的成长

人类天性中有一种寻求发展和实现自我的倾向。在成长过程中，逃避知识和逃避责任就会阻碍自我实现。应当善于发现自己的天赋，承担责任，并发挥自己的潜能。只有这样，才能体会到成功的快乐。

培养有创意的生活方式

任何领域的创造都有先决条件，且某些先决条件与“专注于此时此刻”有关：如果我们能够不受任何干扰地追寻创意性生活方式，就会经常体会到马斯洛所谈到的高峰体验，生活必将是愉快和充实的。

注意培养自己健全的个性

它包括：同他人建立和睦的人际关系；冷静地反省自己的情感；多接触新思想，与不同的人交往、交流；适宜地表达情绪；提高自己的独立性，减少对他人的依赖；勤奋学习，努力工作，提高生活质量。

心病还得心药除

人有很多疾病都可以找到药物对症下药，但是没有任何药物可以治疗心病。

现代的年轻人面对的不仅是21世纪的不安定、不可测的多变的经营环境，同时还要面对来自上司的压力，来自公司同事和部属的挑战，来自公司经营策略的变化……他们所面对生存的压力与岌岌可危的态势绝不是努力加苦干就能应付的。因为，每天都会有新的竞争对手在他们身边涌现。此外，他们所面对的还将是市场竞争的不断加剧，利润空间的无限压缩，而压力也绝非仅仅来自外在的空间，更有自身的自危感受。他们因为心理压力而产生的情绪低落、烦躁不安、灰心气馁、郁郁不乐等问题，应如何处理呢？

医治其他的病，还有医理可循，只要诊断正确，就可能药到病除。但医治心病的“心药”，却甚为复杂，包括爱心、关心、宽恕、体谅、包涵、容忍、时间、欢笑等，开药的人，往往不是医生，而是病者本人。

药物是医生与病人沟通的途径。有时，同一病症、相近的体质，用同一种药，为何有些人病情会好转，有些人就疗效不大。其中当然涉及很多变量，但一个关键的因素，就是病人的“心”。

病人的“心”，照理应是心想康复，可惜很多病人在精神上和情绪上都没有做好求取健康的准备。

病是人生必然会遇上的事，正如我们生下来就有一天必然会死亡一样，这是人生的定律，但很多人都回避，不愿意想这个问题。同样，许多人一有病就惊慌失措，不知如何面对，终日自怨自艾。其实，从正面来说，病是人生的小插曲。如果你从来没有过躺在床上、四肢无力、头晕、骨痛、反胃等不适的感觉，你又如何懂得珍惜你活动自如的日子？如果你体会到自己吃得下、睡得着，对某些人来说已是一种奢望，你又怎会介怀生活中的少许不如意而不珍惜目前所拥有的一切？其实医治心病的方法很多。

1. 首先你得了解心病的种类

对自己认识不清

事业发展到一定阶段，很多人对自己的认识反而模糊了：他们在机会面前瞻前顾后，犹豫不决；有的则过于追求变化，放弃了有发展前途的工作。

心理疲劳

随着阅历的增加，人对工作的敏感逐渐减少，不少人出现了莫名的疲惫感，这种来自心理的疲劳感降低了工作效率，也会削弱自身发展的竞争力。

寂寞无助

尽管生活和工作繁忙而紧张，可是一旦停止忙碌，许多人就会从内心涌出一股渴望，渴望将生活中的烦恼、幻想和情感向人倾诉，以寻求心理依靠。

目标游移

许多人总爱跟别人比较，总觉得自己处处不如别人。这种来自内心的干扰容易让自己预定的目标被外界的目标所改变。

薪水缺乏症

社会环境的不断变化，贫富差距的加大，使不少人盲目地陷入对金钱的追逐中。这也许是一种工作动力，然而对金钱永不满足的追求会让人失去许多应有的乐趣。

2. 学会释放心理压力

很显然，心理压力对我们有很大的不良影响。我们是否应该完全消除现代工作生活所带来的压力？不！因为压力不是一件绝对的坏事。在生活中我们需要一定的压力。压力可以刺激我们采取一些行动，挑战我们自身的能力，帮助我们达到自己认为不可能达到的目标。问题就在于我们怎么处理、安排和缓解工作中的压力而不至于因为压力过大而垮掉。

用积极的态度面对压力

在充满竞争的社会里，每个人都会或多或少地遇到各种压力。可是，压力可以是阻力，也可以变为动力，就看自己如何去面对。社会是在不断进步的，人在其中不进则退，当人遇到压力时，明智的办法是采取积极的态度来面对。实在承受不了的时候，也不要让自己陷入其中，可以通过看看书、涂涂画、听听音乐等，让心情慢慢放松下来，再重新去面对。到这时往往就会发现压力其实也没那么大。

有些人总喜欢把别人的压力放在自己身上。比如，看到别人升职、发财，就总会纳闷，为什么会这样呢？为什么不是自己呢？其实只要自己尽了力，做好自己的工作就行，有些东西是急不来也想不来的。与其让自己无谓地烦恼，不如想一些开心的事，多学一些知识，让生活充满更多色彩。

减压先要解开心结

有一则小寓言，说有一种小虫子很喜欢捡东西，在它所爬过的路上，只要是能碰到的东西，它都会捡起来放在背上，最后，小虫子被身上的重物压死了。人不是小虫子，但人在社会生活中的所作所为又极像小虫子，只不过背上的东西变成了“名”“利”“权”。人总是贪求太多，把重负一件一件披挂在自己身上，舍不得扔掉。假如能学会取舍，学会轻装上阵，学会善待自己，凡事不跟自己较劲，甚至学会倾诉，发泄释放自己的情绪，人还会被生活压趴下吗？

适度转移和释放压力

面对压力，转移是一种最好的办法。压力太重背不动了，那就放下来不去想它，把注意力转到让你轻松快乐的事上来。等心态调整平和以后，已经坚强起来的你，还会害怕面前的压力吗？比如做一下体育运动，体育运动能使你很好地发泄，运动之后你会感到自己很轻松，这样就可以把压力释放出去。

对压力心存感激

人生怎能没有压力？的确，想想曲折的人生道路，升学、就业、跳槽，从偏远的乡村走向繁华的都市，我们的每一个足迹都是在压力下走过的。没有压力，我们的生活也许会是另外一个模样。当我们尽情享受生活乐趣的时候，都应该对当初让我们头疼不已的压力心存一份感激。

生活本来就是丰富的。任何人的生活都不会一成不变，我们需要一帆风顺的快乐，但也要接受挑战和压力带给我们的磨炼。缺了谁，我们的生活都会显得有几分单调。

3. 缓解压力的具体措施

了解产生压力的原因。到底是什么压垮了你？是工作，是家庭生活，还是人际关系？如果认识不到问题的根源，你就不可能解决问题。如果你自己在确定问题的根源方面有困难，那就求助于专业人士或者机构，比如心理医生。

分散压力。可能的话把工作进行分摊或是委派，以降低工作强度。千万不要陷到一个可怕的泥潭当中，认为你是唯一能够做好这项工作的人。如果这样的话，你的同事和老板同样也会有那样的感觉，于是就会把工作尽可能都加到你的身上。这样，你的工作强度就要大大增加了。

不要把工作当成一切。当你的大脑一天到晚都在想工作的时候，工作压力就形成了。一定要平衡一下生活，分出一些时间给家庭、朋友、嗜好等，最重要的是娱乐，娱乐是对付压力的良方。

暂时将压力抛开。一天中多进行几次短暂的休息，做做深呼吸，呼吸一下新鲜空气，可以使你放松大脑，防止压力情绪的形成。千万不要放任压力情绪的发展，不能使这种情绪在一天工作结束时升级成为压倒你的工作压力，时不时地做做深呼吸，缓释一下压力。

正确对待批评，不要把受到的批评个人化。当受到反面的评论时，你就把它当成能够改进工作的建设性批评，但是，如果批评的语言是侮辱性的，比如你的上司对你说一些脏话，那你就需要向你的经理或是人力资源部门反映情况。这样的批评是不能接受的。

随它去。辨别一下你能控制和不能控制的事情，然后把两类事情分开，归为两类，并列出清单。开始一天的工作时，首先给自己约定：不管是工作中的还是生活中的事情，只要是自己不能控制的就由它去，不要过多地考虑，给自己增添无谓的压力。

4. 成功人士自我心理训练法则

自我心理训练是一项功课，是一项通向成功的功课，就像体育锻炼可使你身体强壮一样。自我心理训练可以使你心里更健康，因为你不能“毁”在自己手里，更不应该让别人来控制和掌握，活出一个坚不可摧的你。

目标训练

人应该有明确的目标，所以树立目标是塑造自我的第一步。也就是说，你要有一个明确的奋斗目标，它应是你人生的目标。树立人生目标越早越好，千万不要一拖再拖。你可以根据具体情况随时做出调整，但不能一刻没有目标。

令许多人惊奇的是，人们发现自己达不到追求的目标，是因为他们的主要目标太小，而且太模糊不清，从而使自己失去奋斗的动力。如果你的主要目标不能激发你的想象力，目标的实现就只是一句空话。因此，真正能使你产生动力的是确立一个远大而又具体的目标。

远离舒适

常言道：“年轻有福不是福，老来有福才是福。”年轻人，你还没到该享乐的时候，你应该不断寻求挑战，并时刻提醒自己，不要贪恋舒适。舒适只是你暂时的避风港，而不是永远的安乐窝。你只能把这当作你迎接下次挑战之前刻意放松自己和恢复元气的场所。

情绪训练

人应该保持稳定的情绪。时常情绪低落的人没有太大出息。

情绪会影响人的多个方面，如决策、学习工作效率、社交乃至健康等。能控制自己情绪的人才是强大的。

加强紧迫感

20世纪英国作家阿耐斯·宁有过一句极富哲理的话：“沉溺生活的人没有死的恐惧。”它表明，自恃人生漫长无益于你享受人生。然而，大多数人对此熟视无睹，他们根本没有意识到生命的苦短。唯有心血来潮的那天，他们才会想到筹划自己的人生，将自己的目标和希望寄托在“虚幻岛”的汪洋大海之中。其实，直面死亡并不一定要等到生命的最后一刻。你只要在你生命中的任何一天或任何时刻逼真地想象自己的弥留之际，便会物极必反，产生一种再生的感觉，这就迈出了塑造自我的第一步。

选择朋友

对于那些无助于你达到目标的“朋友”要保持一定的距离。你所交往的朋友会改变你的生活，与玩世不恭的人为伍，他们就会拉你下水；结交那些希望你快乐和成功的人，有利于你顺利地抵达人生的目标，是他们的热情感动了你。因此，同乐观的人交朋友能让我们获得更大的人生动力。

迎接恐惧训练

恐惧使人束手束脚，如怕失败，怕被轻视和忽略等。你一旦战胜恐惧，迎来的将是某种安全有益的东西。哪怕战胜的只是一种小小的恐惧，也会增强你对创造自己生活的信心。如果只想着逃避恐惧，它便会像疯狗一样咬住你不放。不过，最可怕的莫过于无视恐惧的存在。

做好休整计划

实现目标的过程不可能一帆风顺，它总会出现一些坎坎坷坷，总会有起起落落。你可以制定出自己的休整点，要善于安排好自己放松、调整、恢复元气的时间。即使你现在感觉良好，也有必要做好调整计划，这才是明智之举。在自己事业的高峰期，要给自己安排适当的时间休整。即使是离开自己深爱的工作也要做出这个决定。因为这样可以使你的力量有所积蓄，从而以更充沛的精力与热情投入你的事业中去。

未成功先快乐

大部分人认为，一旦达到某个目标，人们就会感到无比高兴。但问题是，你或许根本就达不到目标。别把快乐仅仅建立在尚未获取的业绩上。记住，快乐是每个人的权利。首先就要找到这种快乐的感觉，让自己在塑造自我的过程中充满快乐，而不是非要等到成功的那一天才去感受属于自己的欢乐。

加强排练

先"试演"一场比你真正面对的要复杂得多的战斗。如果手上有难以解决的事情而下不了决心，不妨选一件最难的事先做，你可以把它当作对自己的挑战。这样，你就可以自己开辟一条成功之路。对自己越苛刻，生活对你越宽容；对自己越宽容，生活对你越苛刻。这是一条不变的规则，适合生活中的每个人。

竞争训练

只有竞争我们才能获取经验，人生的价值也只有在竞争中才能体现出来。然而，竞争中又没有绝对的赢家，所以你有必要保持一份谦虚。努力胜过别人，更深刻地认识自己；努力胜过别人，便在无形中参与了竞争“游戏”。只要有人的地方就有竞争，你要以一种积极的心态去参与竞争，须知超越别人远没有超越自己更重要。

自我反省

大多数人都是通过别人来认识自己，而且认为别人对自己的反映不错，尤其正面反馈。但是，如果把认识自己的过程完全建立在别人身上，从不进行自我反省，就会面临严重束缚自己的危险。因此，只能把别人的赞美看成认识自我的一个方面，而不是全部。人必须经常进行自我解剖，要客观地看清自身的缺点和优点，不要只知道从别人身上找寻自己，这样迟早会失去自我。

危机训练

危机能激发我们内在的潜力。如果无视这种现象的存在，我们往往会安于享受，甚至人为地制造一种舒适的环境，使自己过一种无忧无虑的生活，这样只能使我们变得消沉。当然，也不是叫我们人为地制造危机或悲剧，只是说明每一个有上进心的人都应该从内心挑战自我。圣女贞德说过：“所有战斗的胜负首先在自我的心里见分晓。”这句话可谓入木三分。

耐力训练

塑造自我与画家作画有异曲同工之妙，所以，不要怕精工细笔。如果把自己当作一幅正在描绘中的杰作，你就会乐于从细微处着笔。细微之处往往需要更大的耐性和功力。总之，无论你有多么小的变化，对于你都是一种进步，一种突破。

失败训练

有时我们不愿做某件事，是因为我们没有足够的把握。当我

们一旦感到自己难以进入状态时，往往会把一些紧要的事放在一边，或静等灵感的降临。如果你对急于要做的事缺乏信心，只管放胆去做，不要怕犯错，甚至可以对自己来一番自嘲，以积极乐观的心态去对待自己做不好的事情，说不定会收到奇效。

勇敢接受拒绝

积极地接受别人的拒绝，有利于发现自身的问题。当你遭到对方的拒绝时，你可以把对方的拒绝当作一个问题：“自己是不是缺乏创意呢！”其实，许多时候，对方的拒绝往往激起你更大的创造力。

放松训练

当一个人面临挑战时，要尽量放松自己。当人的大脑处于放松状态，其脑电波便会平和你的中枢神经系统，此刻，你可感受到体内有一种力量在涌动，你会对任何事情充满必胜的信心。自己就好比缩回的拳头，是为下一次出击积蓄力量。

克服不良习惯和爱好

真正优秀的成功者，很少有不良习惯和爱好，如果不幸你有，那么它肯定已经对你构成了影响。是否影响了你的时间？是否影响了你的精力？是否影响了你的工作进度，抑或生活节奏？务求克制，以便专一地投入你的目标中。

和优秀人物比较

和成功的优秀人物比较，是自我训练和自我塑造的最好手段。要仔细注意他们的品质、性格、习惯。除非你不想成功，否则，这是自我训练的最好方法。

不要有太多的心理压力

从成功学的角度来看，心态只有两种：积极的和消极的。面对相同的夕阳，有人低叹“夕阳无限好，只是近黄昏”（李商隐），这是一种心态的写照。有人反对说“但得夕阳无限好，何须惆怅近黄昏”（朱自清），这是一种心理状态。而有人则高歌“老夫喜作黄昏颂，满目青山夕照明”（叶剑英），这已全然是另一番心灵境界。人与人之间只有很小的差别，但这种差别却往往造成了人生结果的巨大差异。很小的差别就体现了人生的态度是积极的还是消极的，巨大的差异就是结果的成功与失败。

美国成功学院对1000名世界知名成功人士的研究结果表明：积极的心态决定了成功的85%！

当初刘永好刚下海时面临着很多问题，一个大学老师辞了公职去卖鹌鹑，人们都说他疯了。如果他的爱人没有豁达的心态，一味地埋怨他；如果他自己没有豁达的心态，能够坦然面对挫折和逆境，那他可能就顶不住当时的压力走回头路，返回学校去当老师，而中国就少了一个亿万富翁。

刘永好的爱人李巍回忆说：那时的刘永好只是德阳一所工业中专的毕业生，还有一些历史问题，我们相爱根本没有被朋友和家人看好。在我们相识半年后，我们把各自的东西合在一起就结婚了。那时家里最奢侈的东西就是我做姑娘时攒了几个月工资买的那块英纳格女表。结婚当天，我们只能用六七斤水果糖挨家挨户送，以表示请客。

有一年，我跟着刘永好回四川新津老家过年。永好的三个哥哥和嫂嫂、侄子们都回来了，那年公公刘大镛由于长期心情压抑，生病住院，但最终还是没有留住公公的生命。那时全家的日子过得很不宽绰，吃完年饭，兄弟几个偶然议论起来，现在的鹌鹑蛋真卖得起价钱，鸟蛋那么大小，居然比鸡蛋还贵，而且供不应求，许多农民因此走上了致富之路。

我们也养鹌鹑！不知谁说了一句，立即引起四兄弟的响应。说干就干，我们不仅在新津老家养，在我们自家的阳台上也搭了饲养棚，养了300多只鹌鹑。每天课间休息时，我都要赶回家去，给鹌鹑清理粪便。当时邻居们都议论纷纷：一个教师、一个医生，夫妇俩日子也过得去，咋像个农民似的，为了一点蝇头小利在单元楼上养鹌鹑，真是有辱斯文。

鹌鹑蛋越下越多，销路成了问题。永好就跟着三哥刘永行跑市场，沿街叫卖。有时碰巧遇上他教的一些学生，在当时，一个教师沿街吆喝卖鹌鹑蛋，在学生眼里绝对是令人感到尴尬和耻辱的事情。永好窘迫地把头埋得低低的，晚上回到家里也无精打采。于是我鼓励他说：永好，抬起头来！甭管别人怎么看、怎么想，经商并不下贱。在西方社会，衡量一个男人成功的标准，还要看你能挣多少钱呢……

当时我也只想让他不要有太多的心理压力，让他能有好的心态面对他的学生，也许正是我的这一点点理解、信任、支持对他来说格外重要。不久，永好干脆辞去教师工作，在成都青石桥开了一个鹌鹑蛋批发门市部。每天清晨5点钟起床，骑着摩托车去守店销售，到了晚上才回来。刘家兄弟的鹌鹑蛋生意越做越大，青石桥门市也搬到城里最大一家集贸市场——东风市场，他们兄弟的目光已投向广袤的巴山蜀水间。从 1982 年春节的 1000 元起家，到了 1988 年，仅过了 6 年时间，他们四兄弟已挣了 1000 万元。

刘永好兄弟靠养鹌鹑蛋获得成功，正印证了一句俗语“天下无难事，只要肯攀登”所包含的道理。

愉快地接受困难

如果你要这个世界有更多的爱围绕在你的身边，那么，你就要在你的心中创造更多的爱。如果你想你身边的朋友对你好些，那么你就要先付出多一点……是的，生活中的好多事都在于你如何去把握，你如何去对待，如何去认识它而已。

1. 从首富到首贫——巨人跌入低谷

史玉柱这个曾经叱咤风云的人物，在一度辉煌过后走向低谷。这个 1995 年 7 月《福布斯》列为中国大陆富豪第 8 位的商界巨富，顷刻间变成身负巨额债务巨贫。

1989 年史玉柱“下海”，在深圳研究开发 M6401 桌面中文电脑软件获得成功。1992 年成立巨人高科技集团，注册资金 1.19 亿元，是当时唯一靠高科技起家的企业家。而时隔一年，史玉柱和他的巨人集团投资建造的那座名噪一时的楼高 70 层、涉及资金 12 亿元的巨人大厦惨遭失败。

1994年2月动工到1996年7月，史玉柱竟未申请过一分钱的银行贷款，全凭自有资金和卖楼花的钱支持做房地产，竟将银行搁置一边。而这个自有资金，就是曾经令巨人风光一时的生物工程和电脑软件产业。但谁都知道，以巨人在保健品和电脑软件方面的产业实力根本不足以支撑70层巨人大厦的建设，当史玉柱把保健品和电脑软件产业的生产和广告促销的资金全部投入大厦时，巨人大厦便抽干了巨人产业的血，还欠下数亿元的巨债，巨人由此而倒塌，巨人大厦也成了一个美丽的“梦”。

巨人集团渐渐淡出人们的记忆，3年后，史玉柱厉兵秣马，终于东山再起。重出江湖的史玉柱，第一件事便是清还近1.5亿元的巨债，给了人们一个大大的惊奇。史玉柱究竟有什么魔力让巨人再次崛起呢?

尽管经历了重挫并一度销声匿迹，但史玉柱认为自己的创业并没有中断过，他一面读书学习，一面继续经营。珠海巨人留下的转型战略、产品和团队，仍是史玉柱东山再起的根本……

巨人是靠汉卡起家的，但10年前史玉柱就有了危机感。他找了很多专家，包括美国专家，研究下个世纪什么东西最热、最有发展前途。当时得出的结论就是，生命科技落实到产品上就是保健品。

其实，早在1994年脑黄金就成功了，到1995年夏季都一直处于上升阶段，并由此带来整个珠海巨人的巅峰时刻。脑白金进入报批前的实验阶段时，巨人危机就爆发了。

几年后，史玉柱靠脑白金东山再起，一则脑白金广告，走进亿万家庭，家喻户晓，巨人再次昂起了头。

史玉柱再次创业成功，源于他能够愉快地接受失败，积极地面对现实，想方设法创造新的事业。

2. 愉快地接受生活的考验

人的一生总会遇到不如意的事情，也不会是一帆风顺的。在你身处逆境的时候，在你心情低落的时候，在厄运降临的时候，在你遇到困难、坎坷、挫折时……你会怎样地走过去？或许许多人都会感叹人生没有意义，做什么都没有意思，活着是一片虚空，都不知为了什么；严重的，有人因此自钻牛角尖，变得精神恍惚、忧郁；也有更严重的，还会想到不如寻死。然而，当你静下来仔细想想，其实并没什么事值得比开心更重要，何必要伤害自己让自己难过呢？这样不断地想想，你就会觉得其实并没什么大不了的。当你流泪的时候，你应该想到真的值得吗？难道我的泪水就这么流得没价值吗？当你感到生活的艰难时，你应该想想渡过难关后的美好日子。然后用我们那不屈不挠的精神，用我们的努力和汗水去创造一个新的生活。……这样，我们一定会走出人生的低谷，再见雨后彩虹。

愉快地接受生活的安排，接受生活的磨难。积极地面对生活，其方法是：

再展笑靥

有些人笑口常开，即使遇到再大的困难，依然一副不要紧的样子，轻轻松松地把问题迎刃而解；有些人看起来生活环境不错，却像遭遇大苦难似的，终日愁眉苦脸，心情郁闷。你要做哪一种人呢？这还用说，当然是笑逐颜开的人最吸引人，谁都希望自己每天的心情仿佛都是金黄色的，充满阳光朝气。

肯定生命的意义和价值

若认定活着没有意义，生命没有价值，人的情绪便很容易陷入低潮，以致看不到希望。因此，认识和明白人生的作为，便是智慧的开端，有了这样的智慧，即使生活中偶尔遇到不顺利的事，还是可以坦然无惧，冲破云雾见天日。

换个角度看事物

想想上帝怎样帮助伊莱贾从积极角度看事物，以致看到希望，不再忧郁失望，继续勇往直前吧！

适当地表达情绪

情绪不好，与其憋在心里，不如表达出来。最好的方法是向值得信赖的朋友倾吐心事，话说了出来，很多时候可以如释重负，令心灵轻松不少，不再郁郁寡欢。

与人和睦

和睦的人际关系，可改善自己的心情。想想，处在群体中，若无法和身边的人搞好关系，见到任何人都没有心情，感觉糟透了，又怎能令自己的心情好起来呢？

学习读书

每天找点时间安静读书，可以让我们掌握更多的知识，开拓我们的视野，这时，我们会发现人们是希望快乐，而非愁眉不展地带着一张苦瓜脸过日子。

有一句话人们挺喜欢：深山里的树总要比山顶上的树长得高，长得茂盛，长得笔直。因为它们更渴望长大，更渴望阳光，更渴望冲出那一片深山……

当我们面对人生的困难时，我们要勇敢面对和接受，克服消极的情绪，因为它能让我们进步得更快。

要耐心地等待时机

身处低谷，需要有走出去的勇气，更需要有等待时机的耐心。

有一所学校新开了一门《证券投资理论与实务》课，讲课的李老师是老三届学生，和《宰相刘罗锅》中的某位著名演员是校友，后来两人从学校宣传队一并被招进一个梆子剧团。在那个前途渺茫的年代，那位校友不论是在团内排练，还是下乡演出，都身不离书。1977 年恢复高考，全团的人都接到通知，可以报考中央戏剧学院，可是除了那位校友外，没有一个考上的。10 年后，剧团解散，那位校友已是戏剧学院的副教授和全国知名电影演员，李老师则失业了。

后来，李老师之所以成为证券投资方面的成功者，是因为他不愿再错过人生的失意时刻。他边赚钱养家，边在师范学院旁听证券知识讲座。他利用自己宝贵的空余时间总结人生，最后他悟到一点，不能沉湎于低谷，应该寻找机会，走出低谷。10 年来，中国股市起起落落，李老师正是利用股票起落机会建仓、成交，最后成就了他的事业。前不久，他在一本书中说：当命运之神把人抛入谷底时，也是人生腾飞的最佳时节；这个时候谁能积累能量，谁就能在未来获得丰厚回报。

显然，这个故事可以让我们对如何看待和利用低谷会有茅塞

顿开之感。

1. 低谷就是机会

的确，无论是人生还是股市，前进道路不会一帆风顺，既有坦途，也会有曲折；既有高潮，也会有低谷。志存高远者，高潮时不会因成功而满足，而会以此作为攀登更高目标的新起点；陷入低谷时，也绝不垂头丧气，而会以此激励斗志，寻找走出低谷的对策。那位校友之所以能够脱颖而出，就在于处于人生低谷时能为日后腾飞做好认真准备。李老师虽然后知后觉，但毕竟当他悟出人生低谷就是机会，便另辟蹊径，在当修鞋匠时刻苦钻研证券知识，并紧紧抓住股市三次低谷，成就了自己的事业。股市的历史本是一部涨涨跌跌的历史，也是不断由低谷走向高潮周而复始的历史。每次低谷的出现，都意味着新机遇的到来。

2. 要经得住低谷的考验和磨炼

人生如股市。低谷形成的过程，是极其折磨人的过程。它能动摇你的信心，磨灭你的斗志，冲破你的心理防线，让你精神崩溃，从而乖乖地缴械投降。但是，只要你不悲观失望，不心生恐慌，坚持到底，并善于把低谷过程当成磨炼心态的过程，当成增强斗志和信心的过程，坚信低谷只是一种机会，你就一定能从容渡过难关，迎来新的转折。

3. 低谷是反攻备战的出发地，必须具有耐心和自制力

耐心和自制力都是听起来很简单但做起来很困难的事情。看

过狮子是怎样捕猎的吗？它耐心地等待猎物，只有在时机适合的时候，才从草丛中猛冲出来。成功的人们也总是在低谷中等待合适的时机，然后采取行动。

低谷虽如严冬，但机会和转折也在其中，耐心等待，坚守下去，必会迎来你人生的春天。

逆境中保持坚强的心态

有人这样形容人生——不经历风雨，怎能见彩虹。在人的一生中，绝不会顺利地走向巅峰，成功经常会遭遇许许多多挫折和失败。

1. 取胜在于心态

《包法利夫人》的作者福楼拜曾说："你一生中最光辉的日子，并非成功那一天，而是能从悲叹和绝望中涌出对人生挑战的心情和干劲的日子。"

事业的成功并不是最美的，最美的是能在逆境中继续奋斗努力的精神。成功只是那些努力的一个成果而已。

被称为天才、留有九大交响曲以及很多不朽名曲的贝多芬，得了堪称音乐家致命伤的耳聋，但是他却能突破这个障碍，向音乐奉献了一生的才华。贝多芬说："勇气就是不管身体怎样衰弱也想用精神来克服一切的力量，不要留下任何悔恨。"

逆境是一种优胜劣汰的选择机制，越过逆境这座分水岭，人

生必然会呈现出一种崭新的境界。否则，只能是平庸一生，默默逝去。从下面这则寓言中可略窥对待逆境的心态不同，结果也会不一样。

有三只青蛙不小心掉进了鲜奶桶。

第一只青蛙说："这桶太深了，这下完蛋了。"于是，它被淹没了。

第二只青蛙说："这是神的意志。"于是它盘起后腿，等待着。

第三只青蛙说："只要我还能动，我就有希望跳出去。"于是，它奋力地向上跳起来，掉下去，再跳起来……它一边在奶里划一边跳，慢慢地，它觉得自己的后腿碰上了硬硬的东西，原来是鲜奶在青蛙后腿的拌搅下，渐渐地变成了奶油。凭着奶油的支撑，这只青蛙跳出了奶桶。

第三只青蛙面对逆境仍然不屈不挠的精神应用在生意场上，就形成了在逆境中发财的生意经。

人的性格并非天生就如此，而是看出生以后的环境如何而决定。有人说，能考上名牌大学的人都是教育环境好的缘故。不管环境如何，始终认为自己一定要成功的人最后一定会成功。在这方面，善于经营的犹太民族堪称所有生意人学习的典范。

2. 逆境中的成功之路

整个犹太民族的发展史都是在逆境中形成的。在近 2000 年漂泊流离的生活中，一方面，他们把在逆境中生存视若寻常事，任凭风吹浪打，而且在此过程中学会了忍耐和等待，坚信一切很快就会过去的。学会了在逆境中生存发展的智慧。另一方面，他们把逆境看作一种人生挑战，发挥自身潜在的能力，精神抖擞地在逆境中崛起。

路德维希·蒙德是一位著名的犹太实业家，他在学生时代曾在海德堡大学同著名的化学家布恩森一起工作，并发现了一种从废碱中提炼硫黄的方法。后来他移居英国，在英国几经周折才找到一家愿意同他合作开发此技术公司，结果证明此项技术的经济价值非常高。于是蒙德萌发了开办化工企业的想法。

后来，蒙德买下了一种由他参与研发的利用氨水作用使盐转化为碳酸氢钠的方法，但这种技术在当时还很不成熟。蒙德在柴郡的温宁顿买下了一块地一边建造厂房，一边继续做实验，以完善这种方法。尽管实验屡屡失败，但蒙德从未放弃，仍夜以继日地研究开发。经过反复而复杂的实验，他终于解决了技术上的难题。

1874 年厂房建成，挫折却并没有因此终止。起初生产情况并不理想，成本居高不下，连续几年，企业完全亏损。同时当地居民也以担心大型化工企业会破坏生态平衡为由，拒绝与他合作。

这时候，在逆境中不屈不挠的精神又帮助了蒙德，他没有气馁，终于在 1880 年取得了重大突破，产量增加了 3 倍，成本也降了下来，产品由原先每吨亏损 5 英镑，变为获利 1 英镑。而这时，他已经连续亏损了 6 年。

不仅如此，蒙德还做出了一项重大决定，将工人的工作时间改为每天 8 小时。当时的英国，工厂普遍实行 12 小时工作制，工人一周要工作 84 小时。由于工人的积极性极度高涨，每天 8

小时内完成的工作量与原来 12 小时的工作量几乎一样多。

工厂周围的居民态度发生了转变，都希望能进他的工厂做工。因为蒙德的企业规定，在这里做工，可获得终身保障，并且当父亲退休时，还可以把这份工作传给儿子。

在经历了无数次失败和长达数年的亏损之后，蒙德终于使自己的化工厂成为世界化工企业的龙头。

是啊，人生有昼、夜、明、暗，顺境和逆境，但不管如何，人不可能一生都走在事业成功的明朗阳光下，总有走在黑暗之时。到现在为止还因荣盛自夸的人，明天也许就会在深渊中挣扎。相反，今日在深渊中挣扎的人，有时会突然有明亮光线射进来。让我们坚信吧，月亮一定会圆，乌云过后天空也一定是晴朗的，这是自然的道理。有些人却不了解这层道理，总是容易把自己关在黑暗里，因而老是为了事业上暂时出现的逆境而叹息。冷静来看，夜晚的黑暗中也会有微微的光线，也有慢慢接近黎明的变化，不管怎样的逆境，都不会持续太久，总有一天机遇会降临。只要你有坚强的意志，向着这个目标去努力就一定会成功。

第二章

走出低谷：学会忍耐和奋斗

山有峰巅，也有低谷；水有平缓，也有旋涡。人生之路也一样，扑朔迷离，充满坎坷……

平稳与宁静的生活是人所共求的，但有许多的必然性和偶然性因素影响事物发展，这些因素往往会使原本相对平静的状态被打破，使人跌入人生低谷，伴随而来的是惊恐、彷徨、危险与磨难。

低谷是一种美妙的人生品味，它教会我们希望、忍耐和奋斗。低谷可以使我们变得对生活更执着、更热爱，低谷更可以使我们成功后回味无穷。

有勇气从低谷中走出来

如果有人要问，自信究竟是什么？也许我们一下子很难说清楚。然而我们非常清楚的是，自信对于一个人成长和成功是极为重要的。

很多时候，一件小小的事情会激起我们的自信心，从而对我们今后的人生道路起决定性的作用。

当你遭遇到人生的困境，当你的梦想破碎时，你该如何面对？如何选择？是勇敢地承认现实，寻求补救，坚定地走出来，还是自我麻痹，一味消沉下去？

一个经理，他把全部财产投资在一种小型制造业上，由于世界大战爆发，他无法取得他的工厂所需要的原料，因此只好宣告破产。金钱的丧失使他大为沮丧。于是，他离开妻子儿女，成为一名流浪汉。他对于这些损失无法忘怀，而且越来越难过。到最后，他甚至想要跳湖自杀。

一个偶然的机会，他看到了一本名为《自信心》的书。这本书给他带来勇气和希望，他决定找到这本书的作者，请作者帮助他再度站起来。

当他找到作者，说完他的故事后，那位作者却对他说："我已经以极大的兴趣听完了你的故事，我希望我能对你有所帮助，但事实上，我却绝无能力帮助你。"

他的脸立刻变得苍白。他低下头，喃喃地说道："这下子完蛋了。"

作者停了几秒钟，然后说道："虽然我没有办法帮你，但我可以介绍你去见一个人，他可以协助你东山再起。”刚说完这几句话，流浪汉立刻跳了起来，抓住作者的手，说道：“看在上帝的份儿上，请带我去见这个人。”

于是作者把他带到一面高大的镜子面前，用手指着镜子说：“我要向你介绍的就是这个人。在这世界上，只有这个人能够使你东山再起。你除非坐下来，彻底认识这个人，否则你只能跳到密歇根湖里。因为在你对这个人做充分的认识之前，对于你自己或这个世界来说，你都将是个没有任何价值的废物。”

他朝着镜子向前走几步，用手摸摸他长满胡须的脸孔，对着镜子里的人从头到脚打量几分钟，然后退几步，低下头，开始哭泣起来。

几天后，作者在街上碰见这个人，几乎认不出来了；他的步伐轻快有力，头抬得高高的。他从头到脚打扮一新，看来是很成功的样子。“那一天我离开你的办公室时还只是一个流浪汉。我对着镜子找到了我的自信。现在我找到了一份年薪 3000 美元的工作。我跟老板先预支一部分钱给家人。我现在又走上成功之路了。”他还风趣地对作者说：“我正要前去告诉你，将来有一天，我还要再去拜访你一次。我将带一张支票，签好字，收款人是你，金额是空白的，由你填上数字。因为你介绍我认识了自己，幸好你要我站在那面大镜子前，把真正的我指给我看。让我认清了自己，有勇气从低谷中走了出来。”

从这个人身上我们可以看到，自信心是一个人做事情与活下去的支撑力量，没有了这种信心，人就等于自己给自己判了死刑。

低谷也许就是机会

1. 人生需要机遇

人生如海，潮起潮落，既有春风得意、高潮迭起的快乐，又有万念俱灰、惆怅漠然的凄苦。如果把人生的旅途描绘成图，那一定是高低起伏的曲线，它可比呆板的直线丰富多了。

有这样一个故事：周朝时候有位老先生，一辈子孜孜不倦地追求和勤奋努力，但是他一直没有碰上被提拔做官的机会。后来，他到了白发苍苍的暮年，想起自己年事已高错过了做官的好时机，便站在路旁哭泣。路人得知他伤心的原因后就问："你为什么一次都没有被提拔呢？"老先生边流泪边回答："我年轻时学习做文官，文官方面的修养已经具备，刚要准备做官时，皇帝却喜欢任用老年人。后来，皇帝死了，后主又喜欢用武将，我只好改学武官，当武官的标准基本达到时，后主又死了。少主刚刚即位，就又喜欢年轻人。可我又老了。所以，我一次都没有碰到被提拔任用的机遇啊！"

从这个周人"年老白首，泣涕于途"的故事可以看出，一个人，无论你多么勤奋，多么有才华、有本领，如果不把握好机遇就难有成功。

2. 低谷中要抓住机会

被《福布斯》的制作人胡润先生排名为中国财富第一名的网

易创始人丁磊，曾在接受记者的采访时，谈起了在个人发展和网易发展的过程中曾经遇到过的低谷，他说："我觉得，没有一个企业在发展的过程中是一帆风顺的。当然，克服低谷不单单要靠个人的意志，还要靠大家的努力，当然还有运气的成分。"

"我并没有觉得我们公司和我本人很成功，但我每次总感觉运气不错。比如在 1997 年创办这家公司的时候，我们就看到互联网在中国未来有很大的发展前途；在互联网泡沫破灭前，我们可以去美国成功地挂牌上市；在公司发展处于最低谷的时候，能够很有运气地抓住网络游戏和短信两个方向。未来，其实还有很多挑战在等待着我。运气有的时候是要去抓住的，而不是靠等待得来的。"

"人生得意须尽欢，莫使金樽空对月。"当你快乐时，你不妨尽情地享受快乐，珍惜你所拥有的一切。而当生活的痛苦和不幸降临到你身上时，你也不要怨叹、悲泣。常见许多人处于生命低谷时一味地抱怨、苦恼，长期沉溺其中不能自拔，终日被泪水和无奈的情绪所包围着。其实，仔细想来，抱怨、折磨自己又有何用？只能徒增自己的痛苦，让自己坠得更深、更惨罢了！你应该超脱一些。为什么不换个角度想想问题，同命运抗争呢？

3. 在低谷中换位思考

很久以前，有位大妈有两个儿子：一个是卖伞的，一个是卖草帽的。大妈是个惜子之人，一到出太阳的天气就老担心卖伞的儿子没生意，一到下雨的时候呢，又担心卖草帽的儿子没生意。她整天愁眉苦脸的，周围有个人开导她说："老人家，你就不会这样想一想，一出太阳你该高兴卖草帽的儿子有生意做了，下了雨你又该高兴卖伞的儿子生意该不错了，这不是挺好？”有时想想人生也不过如此，什么坎都得过。其实，坏事与好事都是相对而言的，有时坏事也能变成好事的。

人类历史上许多伟人都是在人生的低谷中成就惊天伟业的。司马迁，将苦难的心锁进历史，为人类缀成了《史记》这串美丽而珍贵的项链。曹雪芹，将苦难的人生倾注在生活的大观园，为后人留下《红楼梦》这道绚丽的彩虹。为什么伟人能在生命中铸就生命的辉煌，而我们却不能呢？

换位思考对自己是一种鼓励，一种鞭策。当生活中的低潮涌向我们的生命之岸时，让我们庆幸吧，庆幸自己终于有时间思考了，终于有时间好好审视自己走过的路了。仔细想想，自己的生命之路哪一步走歪了，哪一步走慢了，哪一步一落千丈走得不稳了。然后，积蓄你的力量，蓄势待发，生命的下一个辉煌定会光顾你！

人生之路充满选择和转折，当你处在人生的低谷时，可能就显示着转折的来临。人生的不幸向人们昭示的不纯粹是灾难，它或许告诉你原来的那种活法不适合你，或许告诉你原来的要求、目的和现实有偏差，它用不幸来提示你，让你暂时心灰意冷，给你静心思考的机会。这个时候，你如果能抓住冥冥之中命运之神给你的这个暗示，你前面的路就会豁然开朗。

相信生命是有潜能的

人生总是会有起落，生活总有如意或不如意的事情。在激烈竞争的商品社会里，“工作低潮”或“工作倦怠”已不是什么新鲜事。它们就像五线谱上高高低低的音符，总是埋伏在工作情绪之中，伺机而动。比方说，你的工作部门即将改组，被不合理的工作量压得喘不过气来，办公室人际关系如箭在弦，或者升官不成加薪无份儿，都可能使你陷入一片“愁云惨雾”之中。

1. 工作低潮时往往有以下状况

连续好几天都无法顺利入眠，到了早晨也时常在恐惧中惊醒，心中仿佛有块沉重的大石头压着。

时常对着天花板发呆，脑中一片空白，没有办法提起劲工作，而且觉得无所适从。

对目前的工作产生极大厌恶感，并对同事有不满情绪，有一种快被逼疯的感觉。

最近与人交谈总是心不在焉，跟不上谈论的话题，同时也对周围事物不感兴趣。

2. 在此你可以尝试以下几种走出低潮的捷径

寻找目标及意义

一个寻不着目标的人，就像多头马车一样漫无目标，令人泄气。因此，你必须先弄清自己工作的意义。一旦确定了，强烈的

工作动机就会启动你的生命活力。所以，不妨试着将自己的工作目标写在纸上，不论是为了追求自我价值，还是要拥有一个温暖的家，都能鼓励你逐步前行。

营造工作的气氛

要换来积极奋发的工作心情，最重要的条件之一，就是营造一种“工作真好”的气氛。许多专家认为，效率高的工作场所，每小时至少都会传出10分钟的笑声。因此，不妨尝试在工作的地方制造乐趣，即使是个小玩笑，也有益健康呢！

别忘记发泄情绪

不妨在笔记簿中记下公司附近几个可以发泄情绪、振作精神的地方，如小公园、书店、咖啡厅、保龄球场等。当然，在双休日，你还可以约上三五知己去郊游，去泡温泉，去钓鱼、划艇等，那也许会使你的情绪有所放松。

改变四周的摆设

有些时候，杂乱无章的工作环境也会令工作效率低下，所以，不妨将自己的工作空间设计成可以配合做事习惯的模样。除了让每份文件都有可以归类的地方外，亦可利用一些颜色鲜艳的小海报、有趣的摆设或茂盛的绿色盆栽，振奋工作心情。

开辟学习的管道

社会变化快速，科技日新月异，每个人都必须终身学习，才能解决工作上所遇到的困难。因此，最好是在工作之外拨出一些时间培养其他方面的兴趣，如阅读、画画或学习陶艺等。这不仅能使心灵与精神有所寄托，更能让你拥有另一个成长的空间。

要相信生命是有潜能的。通过工作应该让每个人在心灵、个人认同以及财物上皆有所增长，否则，我们不就在这上面浪费了太多生命吗?

在生命的低谷里接受挑战

低谷存在于每个人的人生旅程中。当你在学习、事业上不遂意而又不断受挫之时，你就会感觉自己已经陷入了生命的低谷；当你在生活、感情上失去了方向而又得不到最必要的慰藉的时候，那你也会感觉到自己已置身于生命的低谷了；当你自以为已完全看清了这个世界的丑恶和残酷无情之时，那你也完全地困在了生命的低谷里。

人一来到这个世界，便接受了挑战，自呼吸这个世界的第一口空气起，就开始了人生旅途中的残酷考验。其实只要我们放眼周围，还是应该庆幸，我们经历的人生低谷跟许多人相比还是微不足道的。走在城市的街道上，随时都会有令你眼睛呆滞的时候，惊心触目，不忍目睹。在随时代前进的行列中，有不小心掉队而被社会淘汰沦为乞丐的人，也有无人抚养的残疾人，也有因天灾人祸、家破人亡而无家可归的难民。在残酷的世界面前，他们的眼睛总是黯淡无华，唯一有的也只是被疾苦折磨出的无奈、乞讨和哀求。他们在自己生命的低谷中不停地拼命挣扎，但仍然难以自拔。

有朋友说过这样一段感受：有一段时间，我是在人生的低谷里近乎绝望地度过的。那段日子，让我从如镜的寂寞中看透了世界，感受到了世界的苍凉，天道的残酷无情，以及人事的麻木。

“感时花溅泪，恨别鸟惊心”，也就很自然地成了我那时的常吟经典。或许，有人会责叹：斯诚懦夫之为也！不错。这是懦夫的一向表现，但悲天叹地的人未必尽是懦夫，也有对这个世界有所看破才悲天叹地的人啊。但我仍然一向固执地认为，自己是世界上最可怜的人，是处在生命中最低谷的人。

但后来，时间坚决地否定了我的结论，也证明了我并不是处在生命最低谷的人，而处在生命低谷的人是社会上被淘汰的人，是无力自拔的人。于是，我重新认识到自己并不悲哀，也并不可怜，并且不再轻易说自己是生命低谷的人，也发誓决不闯入生命的低谷。

反思，为什么有人会陷入生命的低谷呢？原因很简单，他们绝大部分人不是因为天灾人祸，而是由于跟不上滚滚向前的时代步伐，因此才被淘汰，陷入生命的低谷。所以要防止被竞争淘汰，杜绝踏入生命的低谷，就必须努力学习，不断进取，打破束缚，敢于领先。

人一来到这个世界便接受了挑战，注定了要与这个世界龙争虎斗，而生命的低谷却等待着要无偿作为服输者和畏难者的终身墓穴。

走出被人歧视的人生低谷

歧视，对人们是一种考验。如果你不受外界因素的困扰，不让自己被歧视的心理左右，你才有可能完全改变自己的生活道路。

1. 歧视与动力——英国华裔足球教练萨米·钟

在曼海德市没有人不知道当地住着一位著名足球教练萨米·钟的。出租车司机还自豪地说，萨米还点拨过自己的儿子。当人问起萨米·钟时，他说：歧视是他走向成功的巨大动力。

在国际足球圈里，有一个成功的华裔球员和教练，他曾在英格兰著名球队效力过十几年，还作为教练带领过现在的英甲球队狼队夺取过欧洲联盟杯赛亚军，他就是萨米·钟。在英国这样的足球强国，能有幸成为一名普通的足球球员已经很不错了，是什么动力让这位黄皮肤的华裔球员取得如此大的成就呢？

萨米的父亲以前在香港是位翻译，1914 年来英国后一直当装修工，并与一位英国姑娘结为伉俪。当时的生活非常艰苦，也许是为了让下一代生活好起来，父亲避免给儿子讲以前的旧事，这也是他很少了解中国的原因。其实为了养活 5 个儿子和 2 个女儿，做父亲的也没有过多的时间和精力去讲解以前的经历。

"我父亲再没返回中国，也从没对我谈起中国，这是我一生最大的遗憾。因为我一直在忙碌，一直没有安定下来与他谈一些关于他的事情。现在我终于安定下来了，我真希望能和他聊聊过去，一起谈论中国，谈论他过去的生活，但已经晚了。"

幸运的是，父母给了萨米兄弟 5 人以足球天赋。"在小学时，我哥哥们都去了球场，学校的墙上总有他们的照片，他们每个人都是校队的队长，老师对我说，你是最后一个'钟'了，你也想当队长吗？我是我们兄弟 5 人中水平最高的。我的速度很快，只要速度快，你就可以跑在别人前面，可以进球，我终于成

了校队的队长，之后我离开学校，15 岁就加入了我们镇上的俱乐部，之后又走进职业圈。”

谈起成功，萨米 · 钟悟出一句话：“你必须击败他们，他们才会承认你，不管他们喜欢不喜欢。”

2. 被歧视不属于强者

人的一生，不论身处何地，不论别人怎样看，只要自己看中自己，爱惜自己，尊重自己，就会战胜一切，被人认可，受人尊敬。

保持自尊

因贫困或失势而受到歧视，要挺直腰杆子，保持应有的自尊。在公开场合受到歧视时，你的自尊心会面临着挑战，这时的你千万别发作，不妨多想一想你的使命、职责，为了完成任务达到目标，迅速加大自尊的承受力度。

树立志向

有些东西是人所无法选择的，比如生于穷乡僻壤，出身寒微，人们嘲笑的往往也不是这个。一个人，只有当他毫无志向的时候，人们才会轻视乃至歧视他。人在受到歧视的时候，首先应当问一问自己，到底是他人势利，还是由于自己不努力才被人瞧不起？没有志向的人，不受到别人的歧视才怪呢！而有志向的人，当遇到困难的时候，人们一般都会伸以援手。

改变印象

有时候，你在生活中受到歧视，主要原因是他人对你尚不了解。如果刚受到歧视就对自己产生怀疑，并使自己的理智受到遮蔽，就无法拉近同他人的距离。要想让他人愉快地接受自己，不妨处歧视而不惊，始终不亢不卑理智行事，从改变他人的印象开始。

转移方向

歧视，意味着挫折和阻力。在某一方向上受到歧视，朝这一方向的前进就会变得更加艰难。因此，有时坚守着某一方向，还不如及时转移到新的方向上去工作。如果自己是一个真有志向的人，即使暂时受到一点歧视也不用害怕。俗话说，留得青山在，不怕没柴烧。换一下取柴的方式就是了。

积累力量

某些幼小的动物在生存条件对自己变得不利的情况下，选择冬眠，以躲避严冬的伤害。它其实并没有死亡，而是在不断地保存和积累着生命的能量，以迎接新的生活。人在受到歧视时，为避免进一步受到环境的加害，也该学学这些幼小的动物，暂时隐蔽起自己的身体和思想，但不是让它永远消失，而是在不断沉淀和反思的过程中，暗暗地凝聚自己的学识和才干，磨砺和锤炼自己的生命力。

歧视会教人成熟。鲁迅先生说，有谁从繁华走入困顿，便能体验到人生的真谛。人处顺境时，所注意的不过是那些漂亮的、浮在表面的东西，人一旦受到歧视，既不会为名利忙，也少为时势潮流所裹挟，这时反而能够沉静下来，获得一次审视生命的机会，得到平时不易得到的发现，使自己的人生真正地步入成熟，获得和积蓄新的力量。

确实，人的一生，拥有尊严就必须同歧视做殊死的决斗。因

此，让我们善待曾遭受或至今仍遭受的歧视，把它当作我们一生中最宝贵的一道亮丽的风景，然后用奋斗用拼搏铸成沉重的斧头，把歧视砸碎。这个过程说起来容易做起来难，需要我们有坚忍不拔的毅力。经过这样的历程，你的人生就变得富有价值，你的生命就发出璀璨的光芒。

危机就是转机

危机这两个字就是危险加上机会。如果单单看危险，那可真令人泄气，连勇士的心都会消化如水。只有看见机会才可以创造奇迹。

珠海市有一家电子有限公司，看着眼前的厂房有谁能想到，这个拥有670多名职工，各项管理有条不紊，厂房规划有序，占地面积7000多平方米，年产700多万个电子元件的生产公司是由两名下岗职工投资400多万元建造的。

当有人问及公司经理李江是什么动因使他有如此之魄力时，他说："套用置之死地而后生的老话，我这叫置之下岗而崛起。"人生就是这样，每当命运之神将其跌入低谷之时，便会有种不可遏止的改变生存状态的强烈愿望和奋勇抗争的热烈追求。

1997年，李江所在的珠海市环翠区链条厂生产不景气，他与同厂的58人被裁减回家。尽管企业不大，知名度也不高，可他为之奋斗了近20年的单位就这样一下子把他"推"出来，让他实在没法接受。原本他就是个少言寡语只知道闷头做事的人。回到家，他不吃不喝捂着被子足足躺了两天；想他过去的经历，想他现在的生活处境，却唯独不敢想他今后的前景。然而，面对焦虑的妻儿，他知道自己无论如何还是个男人，无休止地逃避不仅自己痛苦，伤及更深的还有家人。于是，他咬着牙爬起来先到劳动力市场走一遭。但他一无过人技术，二又没有高学历，四十好几的人甭说找可心的工作，哪怕是给钱就干活的营生也不好找啊。无奈之下只好硬着头皮走亲访友。在当时很多人还不能正确理解下岗的情况下，他把难以启齿的下岗经历告诉了亲朋。李江是个实在人，从不偷懒耍滑的做人品格早就闻名于亲朋之间，很快就有朋友介绍他到一家电子元件厂打工。半年之后，又有朋友拿着一份国外电子元件生产订单，希望他能把单子接过来。他犹豫再三，最后找到与自己同时下岗的工友刘华。刘华虽说是个40多岁的女人，但肯吃苦，有耐心，为人正派。太多的相似经历，使两人很快成为合作伙伴。然而，从零起步的“老板”太难当，他们找房子、租设备、跑资金，还要招工人，里里外外，忙前忙后，终于在不到一个月的时间里开始了正式生产。起早贪黑加班加点，当他们保质保量按时完成第一批订单时，不曾想订单会接踵而至。

小打小闹苦熬了3年，来来往往走了多少工人他们记不清了，但前搬后挪的4次搬家却让他们刻骨铭心。因此，他们商议决定盖厂房扩大再生产。谁都知道，来料加工是个劳动密集型的微利企业，一个零部件下来，好的能赚几分钱，一般也就是几厘钱利润。一下投资400多万元盖厂房购设备着实让人捏着一把汗。可李江说，没有梧桐树引不来金丝鸟。工厂破烂不堪，职工人心不稳，技术质量跟不上，订单活源也就不能保证。决心下定，刘华在后方继续组织生产，李江在前方贷款、征地、盖房子。4个月下来，一个初具规模的生产厂矗立起来，李江却脱了

一层皮。一米八几的大男人体重不到60公斤，个中辛苦可想而知。当韩国某株式会的合作伙伴再次来到飞宇公司，惊讶地连连称赞说："实在没想到，你们的效率会这么高。"随之而来的是订单像雪片一样飞来。

李江成功了，厄运没有把他打倒，反而成就了他的事业。

其实，没有人愿意遭遇危机，但是，当危机不期而至时，我们只能勇敢去面对危机，将"危险"转化成"机遇"，从而走出困境，走向成功。

宣泄是人生的润滑剂

人生五彩斑斓，充满了喜怒哀乐、酸甜苦辣，幸福的眩晕、激情的冲动、困惑的迷惘、挫折的苦闷，时时袭扰着人们的心灵。快乐需要表达，烦恼需要倾诉，心灵在宣泄中净化，人生在不断地宣泄中成长，宣泄是人生的润滑剂。随着社会竞争的加剧，人生压力的加大，生活节奏的加快，做到科学、文明地宣泄，是现代文明生活的一种体现。

1. 自我"合理化"宣泄

人人都需要宣泄，但不是人人都能做到有效、科学地宣泄。"借酒消愁愁更愁"就是一种不合理的宣泄。愤怒情绪的宣泄如果得不到恰当的控制，适当的表达，可能会转化为攻击行为。这种攻击可能是直接攻击，将攻击的目标直接指向使自己产生愤怒情绪的对象，导致“一失足成千古恨”；也可能是间接攻击，在单位受了委屈，把气发在家人身上。不合理的宣泄往往把问题越搞越复杂，使自己变得更痛苦。能够“合理化宣泄”，是个人文明、有涵养的表现，

“合理化宣泄”有很多途径，“倾诉”就是常用的一种。“倾诉”有说、有写，有笑也有哭。把心中的快乐向朋友诉说，一份快乐变成两份快乐；把心中的痛苦向朋友诉说，一份痛苦则少了半份。当烦恼的时候，躲到一个僻静的角落，写写日记，或者给远方的亲友写封信，用笔把“心情”写出来，肯定会感到如释重负，轻松许多。遇到高兴的事，开怀大笑，笑过后是那么爽快；遇到极伤心的事，找个无人之处痛快淋漓地大哭一场，也会使心情舒畅许多。

其次，寻找转移不满情绪的合适的方式，如旅游、购物、参加体育活动等。心情不好时，置身于大自然的怀抱，青山绿水让人心旷神怡；大学校园里的走廊歌手、冲凉房歌手们随心所欲的咏唱甚至喊叫是宣泄；宿舍熄灯后短时的“卧谈会”，既可探讨一些光天化日之下不便言明的问题，也可以发发牢骚，互相开开玩笑，是宣泄；在阅读文艺作品中也可以得到良好的宣泄。人类历经种种磨难，而心灵柔韧不致断裂，其中文艺作品有着不可抹杀的功绩，它可以排遣消解人的牢骚怨气、不适当的欲望，弥补现实人生的不足，带给人们活跃充沛的生命力量。情窦初开的少女读琼瑶的言情小说感动得泪水涟涟是宣泄；对小说中描写的丑恶人物大骂一通也是宣泄。体育活动更是一种高效率的宣泄。电视剧《十六岁的花季》中的韩小乐在被人误解闯入女浴室，受人

歧视时，独自到排球馆拼命扣球，使自己的痛苦在剧烈的运动中随汗水而得到一定的排除也是宣泄。

在自己的兴趣中，在高尚的情趣中，使自己的情绪得到排解，是宣泄的极好途径。喜爱音乐的朋友，不论高兴时还是忧闷时，拉起心爱的小提琴，能在琴声中找到知音；爱好丹青的朋友，可以在宣纸上泼墨抒发自己的感情。高尚情趣中的宣泄甚至是人生的一种享受，这也是为什么艺术家多长寿的一个道理。

法国大仲马曾经说过："人生是一串无数小烦恼组成的念珠，达观的人总是笑着捻完这串念珠的。"积极向上的人生观可以使人在受挫时努力将消极心理转化为积极心理，生活中有不少高考落榜者、家庭不幸者、情场失意者，他们在受挫后全身心地投入学业中、事业中，让自己的不如意在紧张的学习和工作中得到宣泄，情感得到升华，成为生活的强者。

2. 寻求心理医生的帮助

我们知道，任何人都不能完全防止不良情绪的产生，关键在于如何调整自己的不良情绪，不让它随意泛滥和持续时间过长，这样可防止或减少由于不良情绪对身体健康造成的损害，能有效地预防精神性、心理性疾病的产生。

当自我宣泄难以达到心理平衡时，不妨到心理咨询所或医院的心理咨询门诊部寻求心理医生的帮助。在专业人士的引导下，把心中难以排解的烦恼倾诉出来，也是一种宣泄。西方国家有种说法，"成功的人士后面往往有'两师'，一是律师，二是心理咨询师"，有人曾经做过估计，美国有 30% 以上的人一生中曾进行过心理咨询。人们甚至认为，定期去看心理医生是生活质量高的一种表现。在我国，目前还有相当一部分人认为，只有心理有病的人甚至是精神病人才去看心理医生，这是一种错误的看法。应该说，心理咨询是社会文明的产物。随着社会的发展和生产力水平的提高，人们从关心身体健康到关注身心健康，希望精神愉快，实现自我价值，提高生命质量，达到潜能的开发，心理咨询就是在这样的背景下应运而生。它一方面设法消除人的心理障碍，一方面积极促进人的健康发展。当你把心理问题向心理医生或心理咨询师诉说时，这本身就是一种宣泄，而且在心理医生或心理咨询师的引导下，你可以进一步找到适合自己的宣泄方式与心理调适的方法。

3. 社会要提供合适的宣泄渠道

单位、企业的员工心境好坏直接影响到这个单位或企业的效率。当员工因忧郁、焦虑、苦闷、烦恼、不安、不满乃至愤怒处于心理不平衡状态时，其积蓄的侵犯性能量可能导致攻击行为，或者将气撒在产品身上，造成产品质量问题；或者对企业主管或同事造成伤害。目前有的城市也在尝试建立宣泄公司，为需要宣泄的人找一个较为适宜的“出气阀”，如摆放一些碗和盘子之类的物品，让“顾客”任意摔扔，以此消释当事人的不良情绪，调整心态，并尽量减少当事人可能因怒气引发的敌意行为，使“出气阀”起到“安全阀”的作用。这种公司有些类似国外的宣泄中心。虽然对这种宣泄公司人们褒贬不一，社会对它的认识和接纳也还有一个过程，有的公司就因为成立后鲜有“顾客”光顾而倒

闭，但随着社会生活节奏的日益加快，生活压力的日益加大，人们对生活质量的日益关注，只要宣泄公司以人为本，切实为人们提供一个良好的、科学的宣泄场所，宣泄公司应该是会有市场的。

4. 战胜心灵的寂寞

战胜心灵的寂寞最好的方法是成熟一点，接受它，面对现实。但若是你真的到了寂寞难耐的地步，不知如何是好，而又不太习惯与别人诉说，不妨考虑以下提议。

找点事做：喜欢做什么便做什么，按你的心意而行，有助你驱除寂寞。当你全身心投入在自己最喜欢的事情上，如缓步跑、写作、做小手工，甚至弹琴等，自然能忘掉一切，再没有多余的时间让你自叹寂寞无奈。其次，你可以通过共同的爱好认识到其他志趣相投的朋友，而将你的喜恶、感情与人“分享”。

回归自然：大自然被誉为人类心灵深处的归宿，在大自然的怀抱里，可以心灵平静安稳、和谐快乐。闲时在公园散步、缓步跑或踏单车，可驱走所有闷气，重新注入新的生命力量。

工作勿过量：朝九晚五的 8 小时，可能仍不足，但加班切忌过量，凡事适可而止；不少人只终日埋头工作，久而久之，减少与他人相处的时间，只会加重个人的孤寂感。工作并不是逃避的良方，更佳的其他途径有：看话剧、听音乐会、与友共聚，积极面对孤寂吧！

血缘的力量：如果你的居所邻近父母、兄弟姐妹或熟亲戚的家时，切记要把握机会，时常往来。因为毕竟你们有着相同的背景、历史，相同的血脉，家人每每都会站在你的一边，支持着你。

助人为乐之本：世界上需要你伸出同情之手的人数以万计，除了金钱上的资助，他们的心灵同样需要别人的关怀。选择适合自己的时间，参加各类义工服务，这有助于你不再过分承受寂寞的烦恼。

活力之泉：运动有助身心发展，更有驱走忧闷之妙，到附近的泳池游泳或打一小时球，可令你身心舒畅，而且更有助保持健康。

低谷是为了新的崛起

人生有巅峰也有低谷。巅峰总是让人仰慕，低谷总是让人畏怯，这毫不奇怪。在低谷，生命自然会感到某种难以承受的压力。这种压力既有生理上的，也有心理上的。生命步入低谷，不免茫然回顾。生命若长久地盘桓在低谷，则生出一种沦落、被遗弃的莫名忧伤。或事业上的失意，或情感上的失落，或因身体上的顽疾，人生忽然间跌入低谷，而人的期盼依然栖息在巅峰——事业上的平步青云，爱情上的花好月圆，生活上的丰衣足食，健康上的长命百岁。然而，面对现实与期望的巨大落差，人们不免会感到压力，甚至有些心灰意冷。

其实，低谷也有低谷的风景、色彩和魅力。人在旅途，难免会有一些坎坷，低谷也是生命中不可回避的一段旅程，有低谷才

会有高峰，低谷是通向巅峰的伟大起点。许多志在巅峰者，他们也是从低谷起步的。

大音乐家贝多芬的一生是在坎坷中度过的，他的九部交响曲折射了他一生曲折离奇的故事。他曾遭遇他人的讥笑和嘲讽，也曾遭遇过病痛的折磨，正是这些遭遇让他体会到人生的丰富多彩，也正是这些遭遇，成就了他不朽的音乐。

贝多芬出身贫寒，酒鬼父亲逼迫他很小就扛起养活全家的重担。由于长得丑，从小受到他人的嘲笑和讥讽。而这位音乐神童却不顾别人的嗤笑戏弄，在音乐中实现自己的成功梦想。

30 岁的贝多芬写下了《第一交响曲》，继承了先师海顿和莫扎特的传统风格，但作品中已经开始萌发出属于他自己个性的乐思。3 年之后，面临病痛和生活的压力，贝多芬体现出非凡、惊人的毅力，战胜了自杀的可怕念头，并且在恢复自信之后，写下了充满感情冲突的《第二交响曲》，从某种程度上体现了他个人的奋斗精神。1803 年，出于对拿破仑的敬仰，贝多芬写下了著名的《第三交响曲“英雄”》，这部作品无论在艺术价值还是历史意义上，都值得纪念。1806 年前后，贝多芬沉浸在恋爱的幸福中，才思敏捷的他写下了充满青春气息的《第四交响曲》。两年后充满思辨色彩的《第五交响曲“命运”》又诞生了，这是贝多芬作曲生涯的一个全新的高度和里程碑，《命运》成了交响曲中的典范。紧接着，作曲家又创作了《第六交响曲“田园”》，以一种完全不同的方式来讴歌自然、赞颂纯朴。此后，甜蜜爱情的结束和战争的爆发让贝多芬陷入人生的低潮期，直到 1812 年《第七交响曲》才同世人见面。这次，乐圣用快乐、疯狂的舞蹈性的节奏来作为创作主题，并取得很大的成功。此后的《第八交响曲》又以短小精悍、幽默欢快的气氛营造了一个与众不同的交响世界。一直到 1824 年，在经历 7 次人生低谷之后，大彻大悟的贝多芬终于爆发出自己全部的创作灵感和热情，实现了自己最高的人生理想，为《欢乐颂》谱曲，最终成就了《第九交响曲“合唱”》。

从贝多芬的九部交响曲中我们可以听到对爱情的渴望，对英雄的赞美，对自由的呼唤。旋律中有清新自然的一面，有波澜壮阔的一面，更有对生活的倾诉。在贝多芬的音乐中，表现的是对人生的感悟，描绘着他心中的理想。贝多芬的交响曲之所以能够数百年屹立不倒，与其深刻的思想性和革命性有很大关系。

人在低谷，更能感受到生命的真实存在，因为浮华散去，你会看到最真实的自我。暂时的一个低潮，对整个生命而言，它增加了生命的色彩，丰富了你的生活。因此，人在低谷并不可怕，要自己努力地做好每一件事情，不要放弃任何学习和体验的机会，等待机会的来临。

当然，人不能只是等待机会。“低谷”绝不是纵容自己堕落的温床；“低谷”是为了新的崛起，是为翻山越岭后观赏日出的喜悦。应该时时抓住机会，适时抓住机会，努力使自己走出低谷。

在低谷中忍耐和奋斗

山有峰巅，也有低谷；水有平缓，也有旋涡。人生之路也一样，扑朔迷离，充满坎坷……

平稳与宁静的生活是人所共求的，但有许多的必然性和偶然性因素影响事物发展，这些因素往往会使原本相对平静的状态被打破，使人跌入人生低谷，伴随而来的是惊恐、彷徨、危险与磨难。虽然这并非人所愿，但却是生活的本来面目，是事物发展的内在逻辑。纵观人类发展的历史，大凡声名赫赫的风云人物都曾饱尝忧患，历经艰险。诚如孟子所云："天将降大任于斯人也，必先苦其心志，劳其筋骨，饿其体肤，空乏其身。"从这个意义上说，艰难险阻并非都是坏事。要知道没有人能一生坦途，只有经历风雨，才能见彩虹。跌入人生低谷并不可怕，关键在于如何认识它、跨越它。

我们都渴望成功，喜欢成功之后的甜蜜滋味，但成功的取得又谈何容易，成功的道路上铺满荆棘，唯有不畏风险，敢于正视挫折，并且战胜挫折，用智慧和汗水才能开辟出一条成功的大路。

低谷是一种美妙的人生品味，它教会我们希望、忍耐和奋斗。低谷可以使我们变得对生活更执着，更热爱，低谷更可以使我们成功后回味无穷。

1. 易发久——从"泡沫败将"到成功学家

人的一生难免会遇到一些沟沟坎坎，也会遇到生活的低谷。

能否从低谷里走出来，能否从现实生活的各种困境中走出来，关键在于能否自救。善于自救者，即使在生活低谷中也可以蹚出一条平坦通畅的路，由“山穷水尽”走向“柳暗花明”，从而拥有健康的身心，赢得幸福的人生。香港国际教育集团董事长易发久的人生遭遇可以对我们有所启发。

易发久还清晰地记得事业起步时曾遭遇的尴尬，10年以前的他还是个负债累累的落魄青年。

遭遇“房地产泡沫”

20世纪90年代的海南，不知给多少人留下了噩梦般的记忆。犹如潮水退后的海岸，房地产泡沫破灭后的海南满目疮痍，450多万平方米的空置商品房孤独地矗立，而报建面积1600多万平方米的“半拉子”工程、2万多公顷的闲置土地更为凄凉。

在距离海南并不远的珠海，年轻的易发久也在这场“浩劫”中遭遇了人生中的重创。他本来在珠海市西区政府负责招商工作，看着许多人揣着他们发放的批文成了百万富翁，易发久心动不已，很快，他“下海”了，用政府批的一块地，联合两家投资方，易发久准备大干一场，盖一座23层的大厦，因此赚到了他的第一桶金。然而，易发久并不走运。由于宏观调控，易发久那23层楼的“宏伟蓝图”最终变成了“烂尾楼”，不期而至的是银行和债主的频繁追债。

“惶惶不可终日。”回忆那次巨大打击后的心态，易发久如此形容，“破产是个很大的考验，很多人过不了这一关。因为真的破产后，你欠了很多债，要去还清那些债务是件很恐怖的事情。”他说。

破产后的日子易发久是在迷茫和惶恐中度过的，而更大的打击随之而来，让他承受了一生中“非常大的撞击”：他的一个朋友，在那场“泡沫中”欠下3000多万元债务，当时的利息是30%，意味着这个数字还将以每年1000万元的速度增长，绝望之下，朋友选择了跳楼。

“我们同病相怜，”易发久无限感叹，他在此后开始了对于人生的思索，“人摆脱痛苦是很快的事情，几秒钟而已，但后来我想，好像痛苦不是消失，而是转移，转移到债主或自己家人身上。这时若跳楼，家人不但要承担债务，还有心灵的打击，这是不负责的一种处理方式。人在困境中的想法是不一样的。”易发久说。

成功只是时间问题

好在易发久早有过受挫经历：他生在江西一个普通的家庭，大学毕业后，留校当了一年的老师，在进入珠海市西区政府工作之前，他相继做过十几种职业。从管理农场、下农村、当小画匠到开餐馆、做流水线工人，甚至还当过歌厅的串场歌手。这次在珠海的“大溃败”，他一点儿都没向父母透露。为了东山再起，他揣着借来的3000元钱奔赴上海。

面对陌生的大上海，易发久不可思议地乐观，提起当时的情形，他甚至眼睛发亮：“对于成功，我从没怀疑过，我从来没想过自己会一辈子处在低谷中，成功只是时间问题。”

不过身上背负的沉重债务提醒他：别无选择，靠工资是不可能还完债的，只能重新开始创业。创业需要钱，需要良好的人际关系，可易发久两者皆无。“没有钱照样可以，不是不可能，只是没找到合适的方法。世界上不用钱也能创业的机会无数。”易发久对成功有着坚定的信心和信念。

随后的几年里，易发久尝试过用各种方式与人合作创业，都以失败告终，生存成为迫在眉睫的问题。在那段时间里，易发久深深地体会到了“穷”的滋味。他曾因为没钱步行十几站地、历时两个多小时才回到家；而为了省钱，从 1996 年到 1997 年将近两年的时间里，他在上海共换了 11 个住处。

但白天，易发久仍旧穿着干净的白衬衫，系着整齐的领带，拎着他的公文包，精神饱满、情绪高昂地每天穿行在城市中，寻找着机会，寻找着梦想突破的地方。

转机突现

转机来自易发久到一家培训中心应聘，这个工作是晚上兼职讲课，每小时 30 元，一晚上 3 小时，生活基本不成问题了。易发久甚至还省下一点钱，用这些钱到外面去听一些更高层次的课程。

易发久后来还发明了一个新的方式：去人才招聘市场，不是去应聘，而是借机去向企业人事部门推销自己的企业培训课程。

又一个转折来了。一家保险公司本来想请香港的讲师来讲课，谁知对方突然有事来不了，请易发久帮忙救场。易发久让那个忐忑不安的保险公司总监深感惊喜，他发挥得相当精彩，甚至超出了对方的预期。这次讲课，他得到了 2500 元，更为重要的是，这次讲课使他开始走上了自由职业讲师之路。

易发久开始疯狂地拓展客户，他的方法总是很特别。有一段时间，看公用电话的老太太见到他就眉开眼笑，因为易发久每天

上午都要在电话亭包下两部电话：一部只管打出，一部等待回电。有时他一天要打上100来个电话。到了下午，他则选定几个写字楼去“扫楼”，上门推销自己的课程。慢慢地，易发久熬过了最困难的日子。

1999年，易发久的励志企业管理咨询公司成立了。如今，他的“影响力教育训练集团”已在全国拥有8家分公司、6个办事处；已有2000余家知名企业成为他的客户，包括财富500强中的110家。

现在，易发久的讲课费是每小时上万元。“不是不可能，这是一种思维方式。无论如何，信念不能垮。”易发久语重心长地说。

2. 俞敏洪——从绝望中寻找希望

生活中其实没有绝境。绝境在于你自己的心没有打开：你把自己的心封闭起来，使它陷于一片黑暗，你的生活怎么可能有光明！封闭的心，如同没有窗户的房间，你会处在永久的黑暗中。但实际上四周只是一层纸，一捅就破，外面则是一片光辉灿烂的天空。

——俞敏洪

“只要你愿意，现在你就可以拿一根棍子，一个破碗。20年后你一定可以走遍世界，而且保证你不会饿死，相反20年之后你会变得更好，因为你可以通过你自己的能力去交换你需要的东西。至少可以维持你的生存。”不愧为新东方的创始人，俞敏洪的演讲开场便语出惊人。

有人说，目前在美国深造的7万多名中国留学生，有6万人是“新东方”这家补习学校培训出来的学员。难怪俞敏洪能自豪地说，他到美国各大学走一圈，只要是中国大陆留学生，一见到他都会叫一声“俞老师”。但只要你了解了他的历史，你就会发觉原来成功人士同样有他们人生的低谷。

高考两次败于英语

就是这个将新东方弟子推向世界的每一个角落，就是这个创造了70%的留学生英语培训来自新东方的奇迹的俞敏洪，曾两度高考落榜都是败于英语，遭遇“5分滑铁卢”。

“第一年高考，我英语考了33分，差了5分。于是我回到农村干农活去了。”俞敏洪边干农活边自学，“当时农村还没有电灯，我每天在煤油灯底下学。第二次参加高考，我进步了，外语考了55分。但是我报考的那所学校的录取分数线也涨了——60分，结果又差了5分。”

面对高考失败的儿子，俞敏洪的母亲想方设法为儿子联系了城里的补习班。去城里补习之前，母亲对俞敏洪说：“没什么大不了的。考上最好，考不上也不吃亏。”

“本来第三年已经不打算考了，一是家庭也没有这个经济实力，另一个原因是考了两年都没有考上，一般的农村孩子就放弃了。所幸的是，我母亲支持，我坚持下来了。”奇迹终于发生了，本来俞敏洪只是想考一个地方上的师范院校，结果，1980年的第三次高考，他却意外地考上了北大。于是，俞敏洪从江苏的农村来到北京。

这个经历，让俞敏洪总结出一个人生信条，那就是，如果做一件事，你努力了，但没有成功，人生不会因此变得更糟糕；如果有成功的可能，为什么不去努力争取呢？

最沮丧的日子

刚入北京大学不久的俞敏洪不幸得了肺结核，休学一年，他在学校时成绩不是太好，只是喜欢读书和写英文文章。毕业时，这个来自江苏省江阴农村、说话轻快柔和的年轻人留在北京大学当助理教师。

“我家里没钱，看到周围的同学朋友都出国了，对自己的心理压力很大，很自卑。别人都出国，自己却还留在国内当老师，每个月 120 元薪水，感觉很糟。”“我在 1988 年年底结婚，然后三次出国不成，当时十分痛苦绝望，好像没有路可走。”那段日子是俞敏洪最沮丧的时候。

花了好长的一段时间，俞敏洪才发觉自己唯一的能力就是教英语。1991 年年底，他开始在一些英语培训学校兼课，拼命教书赚钱。一天教 6 小时可赚 60 元，两天就得到相当于一个月的工资。“当时目标简单，就想教书赚钱，然后出国读书。”

不过，追述那段痛苦日子的俞敏洪现在已经是神采飞扬。而改变他命运的因素是 1992 年邓小平南行。他说，中国好像“突然又打开了一条道路”。于是，俞敏洪在 1993 年创办了新东方。

被动创业

俞敏洪因为在北大上课之余到外面兼课影响北大英语系业余培训班的招生，被北大开除了。俞敏洪从北大出来以后唯一能做的事情就是到各个培训班教书，被动出来的他，常常对学生讲，一个人生命从被动转化为主动以后力量是无穷的。从北大出来以后必须自己变成一棵树，哪怕是最小一棵树苗，经过几年以后你可以长成一棵大树，否则你的生存就有问题。教书有心得的俞敏洪认为自己办学校一定办得比别人好，而且可以赚更多的钱。

于是他在 1993 年开始申请办学校，到海淀区的教育管理部门申请办学执照。事情当然不是顺利的。“当时他们说，没有年轻人办学校的，只有退休的老教授办学校。”俞敏洪说。他三天两头不停地往海淀区的教育部门跑，“磨啊磨的，两三个月，彼此熟悉了。”“他们相信我不会出大乱子，说看你这个人好像不会做出坏事来，就给我一个半年的试营业执照，如果半年之后不合格我们就把你这个执照没收，就这样我拿到了这个执照，搞了一个东方大学外语培训部，后来觉得东方不错，就加了一个新字。”俞敏洪说。

俞敏洪对当初自己申请注册学校很欣慰，他说：“当初申请时就很超前地直接把学校叫作‘私立’而不叫‘民办’学校。”

创业艰难百战多

新东方一开始是俞敏洪一个人，学校的营业范围起初是专门进行外语短期面授培训。俞敏洪租了一间教室开课，可是没多少学生来。机敏的俞敏洪就先免费授课一个月，让学生试读，觉得不错之后再交学费。连续做了很多免费讲座，大家就知道有这么一个学校存在了，听课的学生们确实得到了实实在在满意的教学质量。

随后就有了新东方学校第一个阶段，这个阶段从 1993 年到 1994 年。那个时候新东方已经有两千多名学生。大家知道办一所学校涉及很多问题。新东方学校人开始多起来的时候，俞敏洪出去贴广告时被人扎了好几刀，他的人生中也经历很多风雨。1994年年底，俞敏洪有了一个去国外读书的机会，他最终决定不出国，觉得自己这个时候已经爱上学校了。接着俞敏洪让老婆加入进来，随后高薪聘请了任课老师，新东方的老师只参与教书不参与管理，俞敏洪用他的亲和力与老师们成了朋友，老师们满足了利益而安心教好书。1995年的时候，新东方年收入已经达到几百万元。

1995年俞敏洪陷入了一个困境，总觉得自己一个人干事情没劲，想要有一帮人一起干。于是他利用大学的人脉资源，先后去加拿大、美国找到大学的几位朋友，希望他们能回国和自己一起创业，创办自己的学校。朋友们听完他的故事，相信他，就回来了。当时俞敏洪的想法很简单，最好能够把利益和权力分清楚，俞敏洪觉得朋友之间最好没有利益关系，也不要有上下级的关系。于是学会一个简单的方法，这样就形成了几个格局，每个人分成一块：他给朋友的要求是完成国家的税收付完了成本以后，剩下的钱就都是你们的。结果一年下来，有的人能赚几十万，有的只能赚一两万，但是都同样高兴。因为这是自己努力得来的，没有努力到那个点上就少拿点，大家也高兴；努力到那个点上，多拿一点，也心安理得。就是这样一种状态，非常原始，但是没有利益冲突。

到2000年的时候，就开始出问题了。新东方怎么继续发展？比如新东方想进入图书出版业，想搞电脑培训，像这样的新产业出现的时候，到底交给谁去做？为此，新东方做了两个工作：首先是把部分产业股份化。紧接着大家发现每一个股份都不一样，有的人多，有的人少，所以大家讨论把它们放到一起，这就形成了新东方真正全面的结构改造。其次是结构调整，把利益放到一起，把饭放到一个锅里面再重新分配。这一阶段从2000年年底开始，一直到2003年年底，是新东方发展历程中间最痛苦的阶段，很多次都差一点儿崩溃掉。但是，就是在这么一个阶段，新东方把握了一个比较不错的发展方向。新东方坚持以英语短期培训为主，逐步发展和完善了国内考试、国外考试、基础教育、远程教育、图书出版等多个点。围绕教育，新东方自己本身有了很多的支撑点。一个点下降的时候，另外一个点会上升。这个布局最后形成了新东方的核心。从某种意义上说，新东方已经基本形成了一个良性循环的状态。

到2003年的时候，新东方基本结构改造完毕。在这样一种情况下，新东方在2004年1月做了一个决定，把新东方推入了第四个阶段。这就是新东方在保留自己所有核心项目的同时，争取拿到国际资本，从而进入海外上市的通道。2004年12月24日，按照国外的日历他们是最后一天拿到了钱。

新东方未来的战略目标，实际上就是通过新东方自己的努力，在不违反新东方长远发展计划，不违反新东方整个价值体系的要求之下，来创造新东方更加完善的、更好地为学生服务的、也更加为自己赚钱的教育体系。

人生虽然不完美，但是要永远不放弃

两次高考失败的坚持不懈，北大5年大学生活的沉默无为，留校任教时的出国梦破灭，工作处分和不得已离开，让俞敏洪可谓穷困潦倒。然而他并没有就此绝望不前，而是从绝望中寻找希

望，从一个破破烂烂的小教室走出来，从中关村的一张张广告帖起，从最初的九个学生教起，直到发展成为今天载誉全球的新东方。俞敏洪也变成今天身价数亿元，国外资本削尖了脑袋想注资的新东方教育集团董事长，他确实是个名副其实的创业英雄，也被广大学生尊为“留学教父”。

是啊，经受了生活中数不清的困境和低谷，俞敏洪和他所创建的新东方一步一步走到了今天。一路走来困难重重，有时甚至有些绝处逢生的意味。虽然这些已成历史，可是仍然能让人体会到当时的窘境。所以，成功与否在于人的精神，用积极的心态去面对困难和艰难，踏踏实实生活在每一天。在这个前提下，积极地去寻找机会，最大限度地发挥自己的所长，出路就在眼前。人在低谷并不可怕，只要精神不倒，信念不倒，再大的困难都会是暂时的。风雨过后你会发现天更蓝，地更广，生活会更加精彩。俞敏洪的成功就是一个鲜活的例子。

其实人生最大的乐趣，就在于攻克一个又一个难关，战胜一个又一个困难，只有经历过绝处逢生的痛苦后，所产生的快感才是人生最美的风景。“如果从绝望中还能找到希望，你的生活肯定会充实。”这也是新东方校训中的最后一句。

3.“商海奇人”管仲连

有的人坠入低谷以后，从此一蹶不振；有的人遭受重创以后，仍要奋然前行。陈德源就属于后者。

管仲连，本名陈德源，《香港脂报》专栏作家。1984 年，陈德源涉足商海，与友人合作创办了项目顾问有限公司。

当时正值中国内地实行改革开放，许多新兴项目，如酒店、旅游业等纷纷上马，给了陈德源等人用武之地。陈德源担任了深圳富临酒店的项目策划顾问，成功安排多家国际银行组成的银团贷款，经过各方多次谈判后成功筹资3900万美元，建成酒店。陈德源也因此赚到他的“第一桶金”。此后，项目越接越多，摊子越铺越大，再加上外部环境的变化，陈德源的公司倒闭，负债累累。身心遭受重创的他，整天不言不语，双脚的关节因压力太重而不能行走，医生甚至宣告他要坐一辈子轮椅。

与众不同的是，陈德源面对人生的低谷，没有灰心，而是利用这有限停顿的时间潜心读书，从文学、历史、哲学、心理学到重整企业的书，无所不及。整整用了近两年时间对自己的过去进行反思、休整和定向。与此同时，他抓紧时间恢复体力，他再次骑上自行车、练习游泳，又重新练习柔道动作，经过18个月的努力，他终于丢掉了拐杖，用坚定的意志重新站立起来开始步走。他需要倾诉，他需要总结，他需要反思，于是他拿起了笔，厚积而薄发，终于一发而不可收。从在《信报》《星岛日报》等报纸上一篇又一篇发表单篇文章，发展到写出一本本著作，如《文韬武略话企管》《卓尔人生》等，并在内地出版了《无本商人》《商士道》等著作。从写专栏开始，他给自己起了一个笔名——“管仲连”，取自春秋战国时代的人物：管仲加鲁仲连。他喜欢这两者的糅合。管仲是春秋时代齐桓公的名相，主张大胆改革；鲁仲连则为战国齐人，擅长排解纠纷，纵横国际，异中求同，调节矛盾。前者善于内政，后者善于外交，而管仲连这个笔名寓兼具两者才能之意。陈德源认为，自己取了这个笔名，就要重整旗鼓，经营生意，创立业务，立志当好这个双面角色。

管仲连在香港出名了。有的读者天天买《信报》，就是为了看管仲连的文章。而管仲连自己也从写作中调整了心态，提升了自己，看清了前景。经过一年的调查研究后，他根据“天人合一”的哲学思想，遵循可持续发展的方针，认为人类不应只向大自然索取，也要对大自然有所给予。通过了解、分析，他认为未来的 20 年，亚洲各地将会是木材的最大需求地，中国目前的人均用材只是美国的 1/20，中国有广阔的内需木材市场，但是，中国的野生原始森林需要保护，不能采伐。因此，管仲连于 1994 年与友人共同投资成立了嘉汉林业国际有限公司，在国内从事资源性投资——可持续林业经营，在适宜的地区大规模种植速生林，如桉树、杨树及松树，5 年后即开始采伐，收到回报。

管仲连热爱大自然、尊重大自然、保护大自然，走永续性营林产业的路，符合环境保护政策，得到了国家和地方的支持。嘉汉林业公司经营的林场遍布广东、广西、江西等省区，面积相当于两个香港。种植林木的经济收益每年有可观的递增。1995 年 10 月，“嘉汉林业”在加拿大上市，现市值超过 10 亿港元。“嘉汉林业”在国内聘用的固定雇员有 500 人，通过合约方式招募的雇员超过 1.2 万人。“嘉汉林业”还建立了自己的板材加工厂、木材营销市场和林业科研中心。目前，嘉汉林业公司正从海外继续融资，在中国发展造林事业。管仲连的事业如日中天，但他历经大起大落之后，心志格外平和，依然保持他的文人本色，依然钟情于他的写作，每个月固定为《信报财经月刊》写一篇文情并茂的谈人生、谈读书、谈企业管理、谈经营之道的文章。51 岁的他，把经营林业赚来的钱投资文化事业，在香港创办出版社，还经常练习柔道等拳术，甚至和女儿对摔，人也显得越来越年轻。

有人称管仲连为儒商，也有人称他为商儒，更有人说他是一个“商海奇人”。

4. 奋斗带她走出人生低谷——张燕

“心若在，梦就在，天地之间还有真爱，看成败，人生豪迈，只不过是从头再来……”这是张燕最喜欢的一首歌。正是这首歌一直激励着她，让她能够一切从头开始，从一个下岗女工成长为今天的私企老板。

1994 年 4 月，张燕勤勤恳恳工作了 15 年的皮革厂破产了，34 岁的她转眼之间从一名设计师、技术科长变成了下岗职工。当时的张燕一下子蒙了，心里空空的，不知道该怎么办。就这样离开自己赖以生存的工厂？就这样离开自己热爱的工作？就这样离开朝夕相处的姐妹？张燕感到从未有过的无奈和绝望。整整一个下午，她推着自行车在街上漫无目的地转悠。直到深夜，她仍在自己家门口徘徊，看着窗内透出的灯光，怎么也没有勇气敲响那扇熟悉的家门。

张燕的丈夫是一个个体老板，应该说，张燕即使不工作，也可以过上衣食无忧的生活。起初几个月，张燕按照丈夫的要求，每天除了侍候家人、接送孩子，就是洗衣、做饭。有时张燕也想，不如就这样做个地地道道的家庭妇女，安安稳稳过日子算了。

但张燕是个凡事不服输的人。人活着就要有志气，要有自信，不能这样混日子。“岗”已经丢了，再把“志”丢了，那就真的“一无所有”了。于是她开始偷偷地琢磨自己的出路问题。每天丈夫上班、孩子上学后，她就骑上自行车到市场上去转悠，看来看去，觉得别的行当都不适合自己，还是应该发挥自身的优势，走皮革加工的路子。此后，张燕南下北上考察货源、市场，联系和自己一起下岗的姐妹们一起，你一千，我一千，凑了几万元钱，小作坊式的加工厂就在自己的家里开张了。

最初的阻力竟来自自己的家人，尤其是像张燕这样上有老、下有小的女人，要抛家舍业，家里人都不赞成。有一次，张燕去南方进货，几天没回来，孩子发高烧，等她扛着货回来的时候，婆婆却说什么也不给她开门。张燕没黑没白地四处跑，丈夫、孩子和家人都不理解，他们不知道她这样拼命为了什么。然而，张燕仍然坚持着，她要用自己的付出赢得社会的认可。

一个下岗女工要办厂谈何容易。图样的设计、工艺的管理、资金的周转、产品的销售、售后的服务……所有的问题都一下子摆到面前。那一阵子，满厂子都在叫“张燕”，张燕便楼上楼下地跑，连坐下来喘口气的空都没有。

“人生的路有千万条，但有一条路是成功者必须经过的，那就是奋斗的路。人的一生如果连奋斗这块牌子都扛不起来，那实在太可悲了。”张燕是这样想的，也是这样做的。张燕正是凭着对自己的自信，才从困境中走了出来。几年后，她有了自己的工厂和财富，但她没有忘记回报社会，至今她为社会累计捐款30多万元，她的企业的员工中大部分是下岗和失业的工人。回想当年创业时的艰苦和酸甜苦辣，张燕至今仍感触颇深。她说：“我想告诉那些和我一样曾经下岗和正面临下岗的女同胞们，我们不应该只属于家庭、丈夫和孩子，勇敢地走向社会，迈出第一步，你就会发现自己的价值和潜力。目前的困境根本算不了什么，只要树立信心，付出代价，一定能够走出人生的低谷。对我们女人来说，自尊、自信、自立、自强，是一条通向成功的必经之路。”

第三章

走出低谷：不要放弃梦想

人生不能没有梦想，即便是在困难的时候，也不能放弃自己的梦想。如果你有梦想，即便不能实现，也还是有其价值的，因为此种梦想可使你看到许多可能的机会，是别人所未见到的。

人在遇到困难时，很容易迷失方向，但心中的梦想常常会伴随你一生。成功人士最大的体会就是：无论遇到什么困难，他们始终不会放弃自己的梦想。

在厄运来临时从容面对

在每个人一生的事业中，都会有许多转折和变化，这些转折和变化，往往是改变人一生命运的最好时机。有些人将这种转折和变化看成机会，努力地抓住它，最终他们成功了。而有些人却把它看成洪水猛兽，不敢靠近它，消极地回避它，最终与机会擦肩而过。

曾经有一个女人，她已经34岁了，过着平静、舒适的中产阶层的家庭生活。但是，突然连遭四重厄运的打击：丈夫在一次事故中丧生，留下两个小孩；没过多久，一个女儿被烤面包的油脂烫伤了脸，医生告诉她，孩子脸上的伤疤终生难消，母亲为此伤透了心；她在一家小商店找了份工作，可没过多久，这家商店就关门倒闭了；丈夫给她留下一份小额保险，但是她耽误了最后一次保费的续交期，因此保险公司拒绝支付保费。

碰到一连串不幸事件后，女人近乎绝望。她左思右想，为了自救，她决定再做一次努力，尽力拿到保险补偿。在此之前，她一直与保险公司的下级员工打交道，当她想面见经理时，接待员却告诉她经理出去了。她站在办公室门口无所适从，就在这时，接待员离开了办公桌。机遇来了。她毫不犹豫地走进里面的办公室，结果，看见经理独自一人待在那里。经理很有礼貌地问她，她受到了鼓励，沉着镇静地讲述了索赔时碰到的难题。经理派人取来她的档案，经过再三思索，决定应当以德为先，给予赔偿，虽然从法律上讲公司没有承担赔偿的义务。工作人员按照经理的决定为她办了赔偿手续。

但是，好运并没有到此中止。经理尚未结婚，对这位年轻女人一见倾心。他给她打了电话，几星期后，相继发生了如下事件。

1. 他为女人推荐了一位医生，医生为她的女儿治好了伤，脸上的伤疤被清除干净。

2. 经理通过在一家大百货公司工作的朋友给女人安排了一份工作，这份工作比以前那份工作好多了。

3. 经理向她求婚。几个月后，他们结为夫妻，而且婚姻生活相当美满。

这个故事告诉我们一个道理，当厄运降临时，一个机遇也悄悄降临你的身边。如果这个女人被眼前的困难吓倒了，只是听之任之，畏惧不前，她不但要不到自己的保险，更不可能赢得自己的婚姻。正是她的勇气和毅力，感动了经理，才最终达到所愿。

不少人总是说自己运气不好，没有机遇。其实，这只是人们的一种借口。反思自己走过的每一步你会发现，自己有意无意中错过了很多机会。生活中有两种人：一种人走起路来总是向前看，他看到的是一条路，顺着路走下去，他会发现路越来越宽，景色越来越美；而另一种人走路时只看地下，他会发现脚下的路有沟有坎，不平坦，于是他举步不前，停留在那块平地上，一事无成。

生活记录一次又一次表明，只要一个人全力以赴，勤劳努力，奋斗不息，时运终究会逆转，他终究会抵达安全境地。我们再引述一句莎士比亚的话："与其责难机遇不如责难自己。"这就是人生的基本课程。我们只要仔细回顾一下生活中坏运变为好运的大量实例，就会发现人的素质在改变命运时所起的作用。

久经磨难必然坚强

苦难是人生的财富，苦难更是优秀人士必经的人生历练。世界超级小提琴家帕格尼尼是一位被上帝“遗弃”的苦难者。

帕格尼尼4岁时，一场麻疹和强直性昏厥症使他差点进了棺材。他7岁患上严重肺炎，不得不大量放血治疗；46岁牙床突然长满脓疮，只好拔掉几乎所有牙齿。牙病刚愈，他又染上可怕的眼疾，幼小的儿子成了他的“拐杖”。50岁后，关节炎、肠道炎、喉结核等多种疾病吞噬着他的肌体。后来声带也坏了，靠儿子按口型翻译他的思想。他仅活到57岁，就口吐鲜血而亡。死后尸体也备受磨难，先后搬迁了8次……毫不夸张地说，帕格尼尼一生中所遭受过的苦难，简直是平常人难以想象的，更是没有多少人能承受得了的。

“上帝”搭配给他的苦难实在太残酷无情了，但帕格尼尼从来不曾被这些困难打倒。

帕格尼尼长期把自己囚禁起来，每天练琴10 ~ 12小时，忘记饥饿和死亡。13岁时，他就周游各地，过着流浪生活。他一生除了儿子和小提琴，几乎没有家和其他亲人。苦难就是他的情人，她把他拥抱得那么热烈和悲壮。

帕格尼尼是一位世间罕见的天才。3岁学琴，12岁就举办首次音乐会，并一举成功，轰动舆论界。他的演奏使帕尔马首席提琴家罗拉惊诧得从病榻上跳下去，木然而立，无颜收他为徒。他的琴声使卢卡的观众欣喜若狂，宣布他为共和国首席小提琴家。他在意大利巡回演出产生神奇效果，人们到处传说他的琴弦是用情妇的肠子制作的，魔鬼又暗授妖术，所以他的琴声才魔力无穷。维也纳一位盲人听了他一人演奏的琴声，以为是乐队演奏，当得知台上只他一人时，大叫“他是个魔鬼”，随之匆忙逃走。巴黎人为他的琴声陶醉，忘记了正在流行的严重霍乱，演奏会依然场场爆满……

他不但以独特的指法、弓法和充满魔力的旋律征服了整个欧洲和世界，而且发展了指挥艺术，还创作出《随想曲》《无穷动》《女妖舞》和6部小提琴协奏曲及许多吉他演奏曲。

几乎欧洲所有文学艺术大师，如大仲马、巴尔扎克、肖邦、司汤达等，都听过帕格尼尼的演奏，并为之激动。音乐评论家勃拉兹称他是“操琴弓的魔术师”。歌德评价他“在琴弦上展现了火一样的灵魂”。李斯特大喊：“天啊，在这四根琴弦中包含着多少苦难、痛苦和受到残害的生灵啊！”

然而，人们该明白的是，这一切与“上帝”无关。如果一个人没有战胜困难和厄运的勇气及一定能成功的强烈自信，他可能什么也不是。就像伟大的帕格尼尼，如果他不能以超人的勇气战胜超常的磨难，即使他活到今天，至多只是一个遭人同情或唾弃的穷光蛋，一个长年累月在病痛的折磨中苟延残喘的人。

正是因为不断地经受磨难，人才能变得更加坚强。无论什么样的失败，只要你跌倒后又爬起来，跌倒的教训就会成为有益的经验，帮助你取得未来的成功。

谁能打败自己

什么样的选择决定什么样的生活，今天的生活是我们 3 年前的选择决定的。

有三个即将被关进监狱 3 年的人。入狱前，监狱长答应满足他们每个人一个要求，美国人爱抽雪茄，要了三箱雪茄；法国人最浪漫，要了一个美丽的女子相伴；而犹太人说，他要一部与外界沟通的电话。

3 年后，第一个冲出来的是美国人，嘴里鼻孔里塞满了雪茄，大喊："给我火，给我火。"原来他忘了要火。接着出来的是法国人，已经孩子成群。最后出来的是犹太人，他紧紧地握住监狱长的手说："这 3 年来，我每天与外界联系，我的生意不但没有停顿，反而增长了 200%，为表感谢，我要送你一辆劳斯莱斯。"

认知心理学告诫人们，当一件事发生之后，决定人们会如何做的关键因素通常并不是事情的本身，而是人们对事情究竟如何"认知"、如何"归因"。

心理学家常这样说："人最大的敌人就是自己。"因为心理学家相信，人们在成长的过程中，或因环境文化方面的因素，或因自我的特殊经验，会逐步形成一些属于自己的"建构"（一种思想、观点，人们用它来解释自己的经验），这些建构就成为规范自己与判断别人及认识世界的重要依据，一旦人们所拥有的建构是不适当的、不良的、错误的，那么对人们整个生命力的发展就会明显构成威胁和障碍。我们会批评某些人是“刚愎自用”等，这正显示人们的确常因错误地“看”待事情，而错误地“做”出事情，自己却浑然不知。

1. 人们到底该怎样“看”自己

学习澄清自己的“信念”

深入探讨自己的“信念”，哪些价值是自己以为“是”的，哪些是以为“非”的，有些信念是不是一种错误的“迷思”。用敏感与警觉来反省自己的“习惯性思维”，并从中建立新的思维架构，才能不断成长。

练习有利的“归因”

很多人常常喜欢将成功归因于“运气”，而将失败归因于“能力不足”。此外，也有人喜欢将成功归因于自己，失败归因于他人、环境、条件等。也有人认为别人的成功是“环境、运气好”，又对别人的失败大加挞伐，认为是能力、条件不佳。这些不适当的归因模式不仅于已有损，而且也于人有害。

多看正面、少看反面

多看事情的光明面及人的优点，就比较会以乐观、期待的心迎向未来，而不会觉得万物万事令人厌烦，天下虽大却无藏身之处了。

常向自己说“打气”的话

不断地自我激励是十分有效益的，“自我预言”的实现多少阐释了这种观点的实用性。

2. 战胜困难，需要信心

成功不是一天造成的，一切都有赖于下功夫才行，当获得一些小成功时，大成功也就在门外了。

有两个人结伴穿越沙漠，走至半途，水喝完了，其中一人因中暑而不能行动。同伴把一支枪递给中暑者，再三吩咐："枪里有五颗子弹，我走后，每隔两小时你就对空中鸣放一枪，枪声会指引我前来与你会合。"说完，同伴满怀信心找水去了。躺在沙漠中的中暑者却满腹狐疑：同伴能找到水吗？能听到枪声吗？会不会丢下自己这个"包袱"独自离去？

日暮降临的时候，枪里只剩下一颗子弹，而同伴还没有回来。中暑者确信同伴早已离去，自己只能等待死亡，想象中，沙漠里秃鹰飞来，狠狠地啄瞎了他的眼睛，啄食他的身体……终于，中暑者彻底崩溃了，把最后一颗子弹送进自己的太阳穴。枪声响过不久，同伴提着满壶清水，领着一队骆驼商旅赶来，找到了中暑者尚温热的尸体……

一个人要有战胜困难的勇气和信心，无论遇到什么困难，都需要坚持，需要有必胜的信念，需要有走出困境的勇气。那位中暑者不是被沙漠的恶劣气候吞没，而是被眼前的困难吓倒，丧失了战胜困难的勇气，最终失去了自己的生命。

人的一生，困难会随时降临，无论面对怎样的环境，面对多大的困难，我们都不能放弃自己的信念，放弃对生活的热爱。因为，那个故事使我们确信：很多时候，打败自己的不是外部环境，而是自己。

人要学会爱自己

学会爱自己，是源于对生命本身的崇尚和珍重。它可以让我们的生命更为丰满，更为健康，让我们的灵魂更为自由，更为强壮。

有一篇小说《绿墨水》，讲一位慈父为使女儿有勇气面对生活，借她同班男生的名义给她写匿名求爱信的故事。感动之余会让人想道：人真是太脆弱了，似乎总是需要通过别人的语言和感情才能肯定自己热爱自己。如果有一天这世界上没有一个人去关怀你、爱护你、倾听你、鼓励你——人生中必定会有这样的时刻，那时你怎么办呢?

因此，人一定要学会爱自己。

学会爱自己，不是让我们自我姑息、自我放纵，而是要我们学会勤于律己和矫正自己。一生中总有许多时候没有人督促我们、指导我们、告诫我们、叮咛我们，即使是最亲爱的父母和最真诚的朋友也不会永远伴随我们。我们拥有的关怀和爱抚都将有随时失去的可能。这时候，我们必须学会为自己修枝打杈、寻水施肥，使自己不会沉沦为一棵枯荣随风的草，而是成长为一株笔直葱茏的树。

学会爱自己，不是让我们虐待自己苛求自己，而是让我们在最痛楚无助、最孤立无援的时候，在必须独自穿行黑洞洞的雨夜，没有星光也没有月光的时候，在我们独立支撑着人生的苦难，没有一个人能为我们分担的时候——要学会自己送自己一枝

鲜花，自己给自己画一道海岸线，自己给自己一个明媚的笑容。然后，怀着美好的预感和吉祥的愿望活下去，坚忍地走过一个又一个鸟语花香的清晨。

也许有人会说这是一种自我欺骗，可是，如果这种短暂的欺骗能获得长久的真实的幸福，自我欺骗一下又有什么不好呢？

学会爱自己，这不是一种羞耻，而是一种光荣。因为这并非出于一种夜郎自大的无知和狭隘，而是源于对生命本身的崇尚和珍重。这可以让我们的生命更为丰满、更为健康，也可以让我们的灵魂更为自由、更为强壮。可以让我们在无房可居的时候，亲手去砌砖叠瓦，建造出我们自己的宫殿，让我们成为自己精神家园的主人。

学会自己走出低谷

我们每个人在一生中都会遭受痛苦。失去曾热爱的人或物，失去健康，失去工作，也许那时你会有一种坠落深渊的感觉。在黑暗的谷底，你看不到光明，不知道自己的未来是什么。纽约的心理学家帕特里克·笛尔·祖朴解释说："这是你的'沙漠经历'，它是您在感情上没有选择，甚至没有希望的时刻。重要的是，不要让你自己在沙漠中束手无策，坐以待毙。"

1. 允许自己忧伤

一段时间的忧伤情绪是正常的。笛尔·祖朴说："眼泪并不只简单表现出您内心的遗憾，而且还表达出您心中的悲伤和某种情感，而这些悲伤和情感是需要通过某种方式来进行宣泄的。”

那是一个春天，住在纽约的堂娜·克尔珀在房中突然听到尖叫声，她冲了出来，发现两个儿子都倒在地上。原来15岁的吉米触电倒下死亡，16岁的克立福在试图将弟弟拉起来时也被电流击倒在地，后来恢复了知觉。

这突如其来的灾难使堂娜变得麻木，她几周都哭不出声来，即使是在葬礼上也欲哭无泪。后来，有一天她出去工作，开始觉得头晕目眩，她说：“最后我走回家，把自己锁在屋子里号啕大哭，哭过后我觉得心中沉重的感觉好像开始减轻。”

堂娜在这场丧子灾难之后所经历的，就是笛尔·祖朴所说的“保护人们极度悲伤后意识的第一道防线”。直到自然之力给予她机会，让她发泄出内心悲痛的时候，她才开始了心理上的康复过程。

2. 理解自己的愤怒

笛尔·祖朴说：“愤怒是一种自然的反应，但是要以一种有益于健康的方式发泄出来。”恰当理解你的愤怒将有益于你的康复。

坎迪思·布瑞肯的未来充满阳光，然而，有一天她被诊断为急性白血病，医生说她只有两周的存活期。最初的惊讶过后，她感觉很愤怒。她觉得自己一直诚实、小心地生活着，这种事情不应该发生在她这样的人身上。

随后，一位医生告诉她，需要安排人来照看她的女儿。布瑞

肯马上厉声说："您居然告诉我要找别的人来抚养我的女儿！"在那一刻，她突然意识到她有非常强大的理由要为她的生命而战。她的愤怒，激发了她的斗志，愤怒帮助她超越悲痛看到了她自己。她成功地做了骨髓移植手术，最终她胜利了。

3. 面对挑战

另一个在重大打击之后，对健康有害的反应是拒绝承认现实。

纽约的约翰·杰克斯基几乎努力了一生，终于拥有他梦寐以求的事业——一家股票经纪公司，但是不久，杰克斯基便陷入了严重的资金危机之中。

一天早上，他在路上跑步，跑了一段以后，接着又向前跑，在向西慢跑了两小时之后，他蹒跚着回到了家。他说："我突然领悟到：我是不能够从我的麻烦中'跑出来的'，我唯一应该想到的事情就是——勇敢面对自己的处境。承认失败可以说是一件最艰难的事情，但在我今后继续生活下去之前，我必须面对它。"

4. 走出阴影的捷径

这个捷径的宗旨就是：迫使自己将精力和注意力集中在要做的事情上，而不是在痛苦上。

加入一个支持团体。一旦你做出决定——要继续生活下去，你就需要和某人谈一谈，而最有效的谈话，是与一位有过痛苦经历的人进行交谈。

阅读。当你从最初的震惊不安过渡到能够集中精力时，阅读，特别是读有关自助的书，将会使你减轻痛苦。

记日记。许多人在写出一篇他们正在经历的独一无二的体验时，内心感到很舒服。有时它可以作为一种自我治疗的方法。

计划要做的事情。盼望着做一些事情的想法，意味着你正在努力塑造新的未来。比如为你一直推迟的旅行确定时间表。

奖励你自己。在内心充满沉重压力的一段时间里，完成每一件事，不管是一件多小的事情，都是一个胜利，都是对你自己的奖励。

运动。在所有自我控制情绪的手段中，户外运动是最有效的一种。因为运动可以促进人体内生物化学反应变化，能提高心跳频率、促进血液循环。常见的运动方式有：散步、慢跑、游泳、骑自行车等，每次 20 分钟可以见效。

颜色。纽约心理门诊一位医师认为："颜色对于心理卫生健康，犹如维生素作用于肌体一样。"他提出：远离红色能缓解烦躁和激怒的情绪，情绪沮丧时，就避免穿戴黑色或深蓝色服饰，也不要处在这种使人情绪消沉的色调环境中，而淡蓝色能给人明快、安全、静谧的感觉，所以这种颜色常被医院采用。

音乐。工作一天后，常常感到神经紧张、心情烦躁，如听听音乐会使人感到轻松、心情愉悦。但是，听音乐也应加以选择，应选择一些适合自己心境需要的曲子。

饮食。饮食的主要成分是碳水化合物，它可使人心境平和，因碳水化合物能促进大脑产生一种使情绪平静和松弛的物质：饮

食中的蛋白质能使人亢奋、精力充沛。但咖啡因如果摄入过量则会加剧人的烦躁、恐惧和不安。脂肪摄入过多时对情绪的稳定有不良影响。

光照。许多人在冬季会感到情绪低沉，这在临床上称之为季节性情绪失调，原因是光照时间少。振作精神的方法是多晒太阳，或每天在光线较强的环境中多待上两三小时。

观念。一个人总抱着否定或主观臆断的态度去思考问题，必然会陷入困境。世上没有完完全全如意的事，人总可以从许多事情上找出不满意之处而自寻烦恼，所以，改变这一生活态度也很重要。

人的情绪往往受自我感觉的影响，对周围的人应抱以热情和感兴趣的态度。这会使人精神愉快，情绪高亢。

永远不要放弃梦想

人生不能没有梦想，即便是在困难的时候，也不能放弃自己的梦想：如果你有梦想，即便不能实现，也还是有其价值的，因为此种梦想可使你看到许多可能的机会，是别人所未见到的。

人在遇到困难时，很容易迷失方向，但心中的梦想常常会伴随你一生。成功人士最大的体会就是：无论遇到什么困难，他们始终不会放弃自己的梦想。钢铁大王卡耐基 15 岁的时候便对他那 9 岁的小弟弟汤姆谈论他的种种希望和志向。他说假如他们长大些，他要如何组织一个卡耐基兄弟公司，赚很多钱，以便能够替父母买一辆马车。

长大以后，无论生活如何艰难，遇到了什么样的困难，他始终没有忘记与弟弟的承诺，最后他终于将梦想变成现实，不但让自己的父母坐上了马车，还成就了自己的事业。

1. 坚持，是实现梦想的前提

小男孩的父亲是位马术师，他从小就必须跟着父亲东奔西跑，一个马厩接着一个马厩，一个农场接着一个农场去训练马匹。由于经常四处奔波，男孩的求学过程并不顺利。

初中时，有次老师叫全班同学写作文，题目是：长大后的志愿。那晚，他洋洋洒洒写了 7 张纸，描述他的伟大志愿，那就是想拥有一座属于自己的牧马农场，并且仔细画了一张 200 亩农场的设计图，上面标有马厩、跑道等位置，然后在这一大片农场中央，还要建造一栋占地 400 平方米的巨宅。他花了好大心血把报告完成，第二天交给了老师。两天后他拿了回来，第一页上面打了一个又红又大的 F，旁边还写了一行字：下课后来见我。

脑中充满幻想的他下课后带着报告去找老师：“为什么给我不及格？”

老师回答道：“你年纪轻轻。不要老做白日梦。你没钱，没家庭背景，什么都没有。盖座农场可是个花钱的大工程，你要花钱买地，花钱买纯种马匹，花钱照顾它们。”他接着又说：“如果你肯重写一个比较不离谱的志愿，我会给你打你想要的分数。”

这男孩回家后反复思量了好几次，然后征求父亲的意见。父

亲只是告诉他：“儿子，这是非常重要的决定，你必须自己拿定主意。”再三考虑几天后，男孩决定原稿交回，一个字都不改，他告诉老师：“即使拿个大红字，我也不愿放弃梦想。”

20多年以后，这位老师带领他的30个学生来到那个曾被他指责的男孩的农场露营一星期。离开之前，他对如今已是农场主的男孩说：“说来有些惭愧。你读初中时，我曾泼过你冷水。这些年来，也对不少学生说过相同的话。幸亏你有这个毅力坚持自己的目标。”

成功人士比你富一千倍，就能说明他们比你聪明一千倍吗？绝对不是。关键在于他们一开始就有梦想，并确立了人生的目标。

2. 梦想无处不在

每个人都有自己的梦想，而实现梦想需要机遇，有的人很早就圆梦，也有的人年过半百才实现自己的梦想。而大多数的人是在低谷中前行，等待着机会的来临。演艺名人高秀敏在她46年的生命中，从民间艺术团开始起步，经历多年磨炼，获得了深厚而扎实的技艺，终于在春节晚会这个全民同乐的大舞台上获得了成功。老艺术家赵丽蓉，年过花甲时才走上艺术的巅峰，经过半个多世纪付出不懈的努力，她终于成为世人敬仰的艺术家，展现出别样的风采。

她们的成功，是经过坚忍多年的自我修炼、个人奋斗得来的。在人生的历练中，感悟到生活的真谛，从而创作出鲜活的舞台形象，给观众留下了深刻的印象，观众惊喜于她们的小品，她们可以在四十不惑和年近花甲之际，带来艺术的高潮、表演的创新，这恐怕是所有人的梦想吧。

梦想提升人的价值

我们都知道，世界上有一种银行，每天都会给我们每一个人存上一点东西，你不用完它也没有利息与余额，那是什么东西呢？就是时间。

人的一生有很多梦想，有的实现了，也有的因种种原因没有实现。人的梦想是无限的，可人的生命是有限的，时间永远跑在你的面前，它是不会为任何人停下脚步的。我们每一个人一生都在和时间赛跑，也许你永远也追不上它，而你却不能停止追赶它的脚步。我们如何利用好有限的生命去实现无限的梦想呢？就得看我们怎样去经营自己的生活，看我们懂不懂得浓缩生命、提升自己的人生价值，懂不懂得花明天的时间去圆今天的梦。

有一个癌症病人，他想用自己最后几年的生命去圆他尚未实现的 27 个梦想，结果他居然一个一个地把那些梦想全实现了。后来他告诉别人："我真的无法想象要不是这场病，我的生命该是多么糟糕。是它提醒了我，去做自己想做的事，去实现自己想实现的梦想。现在我才体味到什么是真正的生命和人生价值。"

在这个世界上，其实我们每个人都患有一种"癌症"，那就是不可抗拒的死亡。我们之所以没有像那位癌症病人一样抛开一切多余的东西去实现梦想，去做自己想做的事，去体现生命的价

值，也许是因为我们认为我们还会活得更久。然而，也许正是这个认识上的差别，使我们的生命有了质的不同，有些人把梦想变成了现实，有些人则把梦想带进了坟墓。

努力尝试才有成功的可能

在远古的时候，有两个朋友，相伴去遥远的地方寻找人生的幸福和快乐。一路上风餐露宿，在即将到达目的地的时候，遇到了风急浪高的大海，而海的彼岸就是幸福和快乐的天堂。关于如何渡过这片海，两个人产生了不同的意见。一个建议采伐附近的树木造成一条木船渡过海去；另一个则认为无论哪种办法都不可能渡得了这片海，与其自寻烦恼和死路，不如等这片海流干了，再轻轻松松地走过去。

于是，建议造船的人每天砍伐树木，辛苦而积极地制造船只，并顺带着学会了游泳；而另一个则每天躺下休息睡觉，然后到海边观察海水流干了没有。直到有一天，已经造好船的人准备扬帆出海的时候，另一个人还在讥笑他的愚蠢。

不过，造船的朋友并不生气，临走前只对他的朋友说了一句话：“去做每一件事，不见得都成功，但不去做每一件事，则一定没有机会得到成功！”能想到躺到海水流干了再过海，这确实是一个“伟大”的创意，可惜的是，这却仅仅是个注定永远失败的“伟大”创意而已。

大海终究没有干涸，而那位造船的朋友经过一番风浪最终到达了彼岸。两人后来在海的两岸定居下来，也都繁衍了许多自己的子孙后代：海的一边叫幸福和快乐的沃土，生活着一群我们称为勤奋和勇敢的人；海的另一边叫失败和失落的园地，生活着一群我们称之为懒惰和懦弱的人。

这个故事告诉我们：无论你走了多久，有多累，都千万不要在“成功”的门口躺下休息。要知道“躺着思想，不如站起行动”！不要把梦想变成幻想。

第四章

走出低谷：目标是内心强大的力量

没有目标，不可能发生任何事情，也不可能采取任何步骤。如果一个人没有目标，就只能在人生的旅途上徘徊，永远到不了任何地方。正如空气对于生命一样，目标对于成功有着绝对的必要。如果没有空气，没有人能够生存；如果没有目标，没有人能取得成功。

有了目标，内心的力量才会找到方向。目标的作用不仅是界定追求的最终结果，它在整个人生旅途中都起作用，目标是成功路上的里程碑，它的作用是极大的。

目标是成功路上的里程碑

切斯特菲尔德说："目标的坚定是性格中最必要的力量源泉之一，也是成功的利器之一。没有它，天才也会在矛盾无定的迷途中徒劳无功。"

没有目标，不可能发生任何事情，也不可能采取任何步骤。如果一个人没有目标，就只能在人生的旅途上徘徊，永远到不了任何地方。正如空气对于生命一样，目标对于成功有着绝对的必要。如果没有空气，没有人能够生存；如果没有目标，没有人能取得成功。

有了目标，内心的力量才会找到方向。目标的作用不仅是界定追求的最终结果，它在整个人生旅途中都起作用，目标是成功路上的里程碑，它的作用是极大的。

1. 目标使我们产生积极性

你给自己定下目标之后，目标就在两个方面起作用：它是努力的依据，也是对你的鞭策。目标给了你一个看得着的射击靶。随着你努力实现这些目标，你就会有成就感。对许多人来说，制定和实现目标就像一场比赛，随着时间推移，你实现一个又一个目标，这时，你的思想方式和工作方式又会渐渐改变。

这点很重要。你的目标必须是具体的，可以实现的。如果计划不具体，无法衡量是否实现了，那会降低你的积极性。为什么？因为向目标迈进是动力的源泉，如果你无法知道自己向目标前进了多少，你就会泄气，就会甩手不干了。

1952 年 7 月 4 日清晨，加利福尼亚海岸笼罩在浓雾中。在海岸以西 21 英里的卡塔林纳岛上，一个 34 岁的女人涉入水中，开始向加州海岸游过去。要是成功了，她就是第一个游过这个海峡的妇女，这名妇女叫费罗伦丝·查德威克。在此之前，她是游过英吉利海峡的第一个妇女。

这天早晨，海水冰冷刺骨。太平洋上雾很大，连护送她的船都几乎看不到。时间一个钟头一个钟头过去，千千万万人在电视上看着。有几次，鲨鱼靠近了她，被人开枪吓跑。她仍然在游。在以往这类渡海游泳中，她的最大问题不是疲劳，而是冰冷的海水。

15 个钟头过去了，她又累又冷，浑身冻得发麻。她知道自己不能再游了，就叫人拉她上船。她的母亲和教练在另一条船上。他们都告诉她海岸很近了，叫她不要放弃。但她朝加州海岸望去，除了浓雾什么也看不到。几十分钟之后——从她出发算起 15 个钟头零 55 分钟之后，人们把她拉上船。又过了几个钟头，她渐渐觉得暖和多了，这时却开始感到失败的打击，她不假思索地对记者说："说实在的，我不是为自己找借口，如果当时我能看见陆地也许我会坚持下来。"人们拉她上船的地点，离加州海岸只有半英里！后来她说，令她半途而废的不是疲劳，也不是寒冷，而是因为她在浓雾中看不到目标。查德威克小姐一生中就只有这一次没有坚持到底。两个月之后她成功地游过同一个海峡。她不但是第一位游过卡塔林纳海峡的女性，而且比男子的纪录还快了大约两个钟头。

查德威克虽然是个游泳好手，但也需要看见目标才能鼓足干劲完成她有能力完成的任务。当你规划自己的成功时千万别低估了制定可测目标的重要性。

2. 目标使我们看清使命

每一天，我们都遇到对自己的人生和周围的世界不满意的人。你可知道，在这些对自己处境不满意的人中，有 98% 对心目中喜欢的世界没有一幅清晰的图画，他们没有改善生活的目标，没有一个人生目的去鞭策自己。结果是，他们继续生活在一个他们无意改变的世界里。

有一位医生讲到退休问题。这位医生对活到百岁以上的老人的共同特点做过大量研究，他让听众思考一下这些人长寿有什么共同的因素，大多数听众以为这位医生会列举食物、运动、节制烟酒以及其他会影响健康的东西，然而，令听众惊讶的是，医生告诉他们，这些寿星在饮食和运动方面没有什么共同特点。他发现他们的共同特点是对待未来的态度——他们都有人生目标。

制定人生目标未必能使你活到 100 岁，但必定能增加你成功的机会。人生倘若没有目的，你也许会一事无成。正如贸易巨子 J.C. 宾尼所说："一个心中有目标的普通职员，会成为创造历史的人；一个心中没有目标的人，只能是个平凡的职员。"

3. 目标有助于我们安排轻重缓急

制定目标一个最大的好处是有助于我们安排日常工作的轻重缓急。没有这些目标，我们很容易陷进跟理想无关的日常事务当中。一个忘记最重要事情的人会成为琐事的奴隶，有人曾经说过，“智慧就是懂得该忽视什么东西的艺术”，道理就在于此。

4. 目标引导我们发挥潜能

许多年前，有份报纸报道过300条鲸鱼突然死亡的消息。这些鲸鱼在追逐沙丁鱼，不知不觉被困在一个海湾里。弗里德里克·布哈里斯这样说：“这些小鱼把海上巨人引向死亡，鲸鱼因为追逐小利而暴死，为了微不足道的目标而空耗了自己的巨大力量。”

没有目标的人，就像故事中的那些鲸鱼，他们有巨大的力量与潜能，但他们把精力放在小事情上，而小事情使他们忘记了自己本应做什么。说得明白一点，要发挥潜力你必须全神贯注于自己有优势，并且会有高回报的方面。目标能助你集中精力。

5. 目标使我们有能力把握现在

成功人士能把握现在。人在现实中通过努力实现自己的目标，正如希拉尔·贝洛克说：“当你做着将来的梦或者为过去而后悔时，你唯一拥有的现在却从你手中溜走了。”

虽然目标是朝着将来的，是有待将来实现的，但目标使我们能把握住现在。因为这样能把大的任务看成由一连串小任务和小的步骤组成的，要实现任何理想就要制定并且达到一连串的目标。每个重大目标的实现都是几个小目标、小步骤实现的结果，所以如果你集中精力做好当前手上的工作，心中明白你现在的种种努力都是为实现将来的目标铺路，那你就能成功。

6. 目标有助于评估进展

不成功者有个共同的问题，就是他们极少评估自己取得的进展。

他们大多数人或者不明白自我评估的重要性，或者无法量度取得的进步。

目标提供了一种自我评估的重要手段。如果你的目标是具体的、看得见摸得着的，你就可以根据自己距离最终目标有多远来衡量目前取得的进步。

7. 目标使我们未雨绸缪

成功人士总是事前决断，而不是事后补救。他们提前谋划，而不是等别人的指示。他们不允许其他人操纵他们的工作进程。不事前谋划的人是不会有进展的。我们以《圣经》中的诺亚为例，他并没有等到下雨了才开始造他的方舟。

目标能帮助我们事前谋划，目标迫使我们把要完成的任务分解成可行的步骤。要想制作一幅通向成功的交通图，你就要先有目标。正如18世纪的发明家兼政治家富兰克林在自传中说的："我总认为一个能力很一般的人如果有个好计划，是会有大作为。"

8. 目标使我们把重点从工作本身转到工作成果

不成功者常常混淆了工作本身与工作成果。他们以为大量的工作，尤其是艰苦的工作就一定会带来成功。但任何活动本身并不能保证成功，一项活动要有用，就一定要朝向一个明确的目标，也就是说，成功的尺度不是做了多少工作，而是做出多少成果。关于这个概念，最好的例子是法国博物学家让亨利。他研究的是巡游毛虫。这些毛虫在树上排成长长的队伍前进，有一条带头，其余跟着，法布尔把一组毛虫放在一个大花盆的边上，使它们首尾相接，排成一个圆形。这些毛虫开始动了，像一个长长的游行队伍，没有头，也没有尾。法布尔在毛虫队伍旁边摆了一些食物，但这些毛虫要想吃到食物就要解散队伍，不在一条接一条前进。法布尔预料，毛虫很快会厌倦这种毫无用处的爬行而转向食物。可是毛虫没有这样做，出于纯粹的本能，毛虫沿着花盆边一直以同样的速度走了七天七夜。它们会一直走到饿死为止。

这些毛虫遵守着它们的本能、习惯、传统、先例、过去的经验、惯例，或者随便你叫它什么好了。它们干活很卖力，但毫无成果。许多不成功者就跟这些毛虫差不多，他们自以为忙碌就是成就，干活本身就是成功。

目标有助于我们避免这种情况发生。如果你制定了目标，又定期检查工作进度，你自然会把重点从工作本身转移到工作成果，单单用工作来填满每一天，这看来再也不能接受了。做出足够的成果来实现目标，这才是衡量成绩大小的正确方法。随着一个又一个目标的实现，你会逐渐明白要实现目标要花多大的力气。你往往还能悟出如何用较少时间来创造较多的价值，这会反过来引导你制定更高的目标，实现更伟大的理想。随着你工作效率的提高，你对自己，对别人也会有更准确地看法。

先从实现小目标开始

如果你知道你具体的目的地，而且向它迈出了第一步，你便走上了成功之路，你就会逐渐靠近你的目的地。

日本长跑运动员山田本一曾在 1984 年和 1987 年的国际马拉松邀请赛中两次夺魁。当记者问他凭什么取得如此出色的成绩时，他的回答是："凭智慧战胜对手。"对于他的这种回答，人们有些质疑，认为山田本一似乎有些故弄玄虚或有招摇夸张之嫌，因为谁都知道，马拉松比赛主要是运动员体力和耐力的较量，爆发力、速度的技巧都在其次，怎么能说靠智慧取胜呢?

后来，人们读山田本一的自传，才对他所说的"凭智慧战胜对手"有所领悟，认识到这确实是他取得成功的经验之谈，山田本一在自传中写道：每次比赛之前，我都要乘车将比赛路线仔细勘察一遍，并把沿途比较醒目的标志画下来，比如第一个标志是一家银行，第二个标志是一棵大树，第三个标志是一座公寓……这样一直画到赛程终点。比赛开始后，我以百米冲刺的劲头向第一个目标冲去；到达第一个目标后，又以同样的速度向第二个目标冲去……40 多公里路程，就这样被我分成若干个小目标而轻松地跑完。起初，我并不是这样做的，而是把目标一下子定在终点的那面旗帜上，结果还没跑完几公里就觉得疲惫不堪，因为我被前头那段遥远的路程吓倒了。

山田本一马拉松比赛的经验之谈包含着深刻的哲理，有着普遍的借鉴意义。成功，如同一次漫长而艰难的马拉松赛，其中包含着一个个自然延续、不可分割的路段。最终取得成功，要靠一个路段一个路段地不懈拼搏和冲刺。如果一开始就把目标定在最终的胜利上，往往容易因目标过远而感到高不可攀，从而产生畏难情绪，甚至在心理上产生一种恐惧感，成为沉重的精神负担。带着这样沉重的包袱，是很难到达终点取得最后胜利的。如果把通往成功的路程分解成若干路段，然后一段一段去完成，情况就会大不相同。每当完成一个路段时，就会产生一种胜利的喜悦。这种胜利的喜悦会消减精神上的重负和身体的疲惫，从而转化为继续前进并完成下一段路程的巨大力量。如此持续下去，自然就会不断产生新的喜悦和动力，直到顺利实现既定目标。

其实，这个道理并不复杂。有的心理学家曾经总结说：人的内心期望值越高，得到的快乐便越少；反之，内心期望值低一些，就容易达到目标，得到的快乐就会多一些。快乐多，情绪高，自然有利于发挥内在的潜力去完成既定目标。

俄国作家托尔斯泰从青年时代起就给自己定下了人生的目标，托尔斯泰既有一辈子的目标，也有某一时段的目标，甚至一年的目标、一个月的目标、一个星期的目标、一天的目标……这样，随时都有目标，随时都有完成目标的喜悦，就会始终情绪高涨，对未来充满信心，自然有利于实现远大的目标。托尔斯泰的成功，不能说与他善于把总的目标分解成若干个阶段性小目标没有关系。

西方成功学家认为，成功靠日积月累，循序渐进。想干大事业的人，首先要做好小事情；想要实现宏大目标，先得从实现小目标开始。这样一步一个脚印地前进，一个目标一个目标去实现，成功就会向我们每个人招手。

每一步都是起点

成功是由一个个小小的目标达成，一次次小小的进步积累而成，成功是由无数个点组成的完整的生命历程，成功就是每天进步一点点。一个人要有伟大的成就，必须天天有些小成就，因为大成就是小成就不断积累的结果。

1983年，美国人伯森·汉姆用徒手攀壁的方式，登上了有“世界第一高楼”之称的纽约帝国大厦，在创造了吉尼斯世界纪录的同时也赢得了“蜘蛛人”的美誉。美国恐高症康复协会聘请他去做心理顾问，伯森·汉姆接到聘书后，打电话给当时的协会主席诺曼斯先生，让他查查会员档案中第1042号会员的情况。诺曼斯翻开会员档案一看，才明白这位会员就是伯森·汉姆——原来，“蜘蛛人”本身就曾是一位恐高症患者。

诺曼斯对此大为惊讶，一名恐高症患者怎么会成为“蜘蛛人”呢？他决定抽时间去拜访伯森·汉姆，亲自解开这个谜团。

伯森·汉姆的答案却很简单：把自己的每一步都看作起点！诺曼斯先生仔细揣摩这句话，最后终于悟出了其中的深意。伯森·汉姆之所以能够赢得“蜘蛛人”的称号，是因为他在攀缘的过程中始终眼光朝前，把脚下的每一步都当作起点，从而没有了高度带来的恐惧，恐高症自然就消失了。

人生在世，谁都不可能一帆风顺。有的人一旦遇到挫折和打击就一蹶不振，或自暴自弃，或怨天尤人，整日里垂头丧气愁眉苦脸，一副末路穷途的模样，让人怜也让人厌。他们不知道眼前的困境仅仅是一个起点，而让一个个机会悄悄地溜走了。

与之相反，有些人一旦取得一点成绩就沾沾自喜，把自己放在一个与众不同的位置，整日里陶醉在过分良好的自我感觉中。殊不知，对于更大的成绩来说，既有的成绩也只是一个起点。结果，他们常常因为承受不了“高度”带来的晕眩而重重地摔下来。

生命有限，人生的价值却可以没有终结，让我们把自己的每一步都看作起点吧。

有效地利用时间

时间伴随着我们的一生，我们可以自由支配。然而，我们当中的很多人却忽视了时间的存在。我们需要做的是学会管理好自己的时间：我们无法阻止时间的流逝，但是我们可以利用时间。我们要成为时间的主人，而不是时间的奴隶。

陶渊明说：“盛年不重来，一日难再晨。及时当勉励，岁月不待人。”岳飞在《满江红》词里大声疾呼：“莫等闲，白了少年头，空悲切。”在人的一生中，时间是最容易流失的。时间将贯穿于每个人的一生，我们生命价值的体现不可能脱离有限时间的束缚，因而对时间的认知和应用时间来创造价值的能力就显得非常重要。

1. 时间就是胜利

竞赛以快取胜，搏击以快打慢，军事称先下手为强，商战已从“大鱼吃小鱼”变为“快鱼吃慢鱼”，跆拳道要求心快、眼快、手快；中华武学一言以蔽之：百法有百解，唯快无解。

大而慢等于弱，小而快可变强，大而快王中王！快就是机会，快就是效率，快就是瞬间的“大”，无数瞬间的“大”构成长久的“强”。

竞争的实质，就是在最短的时间内做最好的东西，人生最伟大的成功，就是在最短的时间内实现最多的目标。质量是“常量”，经过努力都可以做好，以至于难分伯仲；而时间，永远是“变量”；一流的质量可以有很多，而最快的冠军只有一个——任何领先，都是时间的领先。

我们慢，不是因为我们不快，而是因为对手更快。

2. 时间就是生命

在美丽的草原上，曙光刚刚划破夜空，一群羚羊从睡梦中惊醒。“新的一天开始了，我们得抓紧时间跑，如果被猎豹发现，就可能被吃掉！”于是，羚羊群起身向着太阳升起的方向飞奔而去……

几乎在羚羊群奔向远方的同时，一只猎豹也惊醒了，它起身摇摆了几下壮实的身躯以抖去身上的灰尘，“已经有两天没吃东西了，我得立即开始寻找昨晚没有追上的猎物，如果今天还追不上它，我可能会饿死！”猎豹望着太阳升起的方向，大吼一声，狂奔而去……

就这样，每当一天刚刚开始，地球上便出现了一幅壮观的景象：

猎豹紧紧追赶着羚羊群，它们各自拼命地奔跑，在它们身后扬起滚滚黄尘……

谁快谁就赢，谁快谁生存。一个是自然界兽中之王，一个是食草的羚羊，实力悬殊，但生存却面临同一个问题——如果羚羊快，猎豹可能会饿死；猎豹快，羚羊就会被吃掉……但是，哪怕羚羊只比猎豹早跑上30秒，就有可能保全性命，这30秒就意味着羚羊和猎豹谁活着谁死去……

贝尔在研制电话时，另一个叫格雷的也在研究。两人同时取得突破。但贝尔在专利局赢了——比格雷早了两个钟头。当然他们两人当时是不知道对方的，但贝尔就因为这120分钟而一举成名，誉满天下，同时也获得了巨大的财富。

无论相差只是0.1毫米还是0.1秒——毫厘之差，天壤之别！

在竞技场上，冠军和亚军的区别有时小到肉眼无法判断。比如短跑，第一名与第二名有时相差仅0.01秒；又如赛马，第一匹马与第二匹马相差仅半个马鼻子（几厘米）……但是，冠军与亚军所获得的荣誉与财富却相差甚远。

全世界的目光只会聚焦在第一名的身上。冠军才是真正的成功者。第一名的后面，都是输家。时间的“量”是不会变的，但“质”却不同。关键时刻一秒值万金。

3. 有效地利用时间

你的时间在哪里，你的成就就在哪里。把一小时看成60分钟的人，比看作一小时的人效率高60倍。“不善于支配时间的人经常感到时间不够用。”这句话说得非常有道理，下面是有效

地利用时间的一些经验。

抓住重点。一个时期只有一个重点，一次只做一件事情。聪明人要学会抓住重点，首先解决重要问题，然后解决次要问题。

用好 80/20 原则。即把精力用在最见成效的地方。

美国企业家威廉·穆尔在为格利登公司销售油漆时，头一个月仅挣了 160 美元。他仔细分析了自己的销售图表，发现他的 80%收益来自 20%的客户，但是他却对所有客户花费了同样的时间。于是，他要求把他最不活跃的 36 个客户重新分派给其他销售员，而自己则把精力集中到最有希望的客户上。不久，他一个月就赚到了 1000 美元。穆尔从未放弃这一原则，这使他最终成了凯利·穆尔油漆公司的主席。

浪费时间的人等于大把浪费金钱。许多人习惯于“等候好时机”，即花费很多时间以“进入状态”，其实，状态是干出来的，而非等出来的。

学会说不。要学会把握时间，对于不必要的会面要予以时间限制，自己也不要在不必要的地方逗留太久。学会拒绝也是获得自由的一部分。

提高通话效率。尽量通过电话来进行交流，沟通情况，交换信息。打电话前要有所准备，通话时要直奔主题；工作时间，不要在电话里传达无关主题的信息与感受。

成本观念。不要做“一分钱智慧几小时愚蠢”的事，如为省两元钱而排半小时队，为省两毛钱而步行三站地等，都是极不划算的。对待时间，就要像对待经营一样，时刻要有一个“成本”的观念。

朋友之间的交往也要有时间观念。要与有时间观念的人和公司往来。

避免无谓的争论。无谓的争论，不仅影响情绪和人际关系，而且还会浪费大量时间，到头来仍然解决不了任何问题。如果有暂时解决不了的问题，可以先搁置起来，过段时间再议。

学会利用零散时间。许多人都把生活中的零碎时间不当作时间，被无谓地浪费了。其实这些时间虽短，但却可以充分利用起来做一些事情，比如等车的时间可以用来思考下一步的工作，翻翻报纸，读一会儿书等。

每一个成功者都有自己利用时间的一套办法。

4. 真正地掌握时间

事先谨慎地制定出时间表。相信笔记，不相信记忆。养成“凡事预则立”的观念。不要把你的时间定得太松，也不要太紧，应该留点适当的时间来应付不可避免地干扰。如果能够制定一个简明且高明的时间表，你一定能充分地利用时间。做事应该有个期限，有期限才有紧迫感，也才能珍惜时间，制定期限是时间管理的重要标志。你还等什么呢?

把时间分成一段一段利用。有时候，我们发现大块大块的时间不好找，所以干什么总觉得时间不够。还有，大块大块的时间有时却不知怎么用。有时整整一天都没课，却又不知道该怎么去利用它，怎样才能利用得更好，所以你要精心地去管理你的时间，让我们成段地利用它们，利用好它们!

善于一心二用。这并不是鼓励你花心，而是说在一些情况下，我们完全可以把时间掰成两半来花。在去上课的路上听听广播，听听英语磁带，这样在你上课路上的时间如此积累下去，收获也是很大的啊！不相信，你可以去试一试，忽然有一天你会发现，你的英语成绩提高了不少啊！这就叫作：世上无难事，只怕有心人。

始终做最重要的事。时间管理的精髓在于分清轻重缓急，设立优先原则。成功人士都是用分清主次的办法来统筹时间的，把时间用在最有“生产力”的地方。巴莱托定理告诉我们：应该有80%的时间做能带来最大收获的事情，而有20%的时间去做其他的事情。例如，学习是我们目前最主要的任务，所以就应该用80%的时间去学习，更是因为它是给我们收获最大的事情。另外20%的时间则用来干干其他事情，如打打篮球，踢踢足球，玩玩羽毛球，上上网等。

鲁迅曾说过：时间像海绵里的水，是挤出来的。这段话就是针对那些抱怨没有时间的人的。可以说，只要你用心，完全可以发现时间。如果你不是那样的人，你也可以试着那样做做；如果你发现你有点像那样的人，你不妨去做一做，你会有惊奇的发现的！

跨越瓦伦达心态

美国著名高空走钢丝表演者瓦伦达，在一次非常重大的表演中，原本踏钢丝如履平地的他却出乎意料地发生了意外，从七八十米的高空不幸坠落身亡。瓦伦达在上场前，曾经不停地对妻子说，这次表演太重要了，一定不能有一丁点的失误，更不可以失败。

其实，在这之前的任何一次非常成功的表演中，瓦伦达都只是一心想着走钢丝的每一个技术细节，从不去在意高空中可能发生的一切；这种不是专心致志于做事本身，而是一再考虑做这件事可能带来的结果，从而患得患失、迷失自我、缺乏信心的心态，就是心理学上著名的“瓦伦达心态”。

美国斯坦福大学的一项研究也表明，人大脑里的某一图像会像实际情况那样刺激人的神经系统。比如当一个高尔夫球手击球前一再告诉自己“不要把球打进水里”时，他的大脑里往往就会出现“球掉进水里”的情景，而结果往往事与愿违，球大多都会掉进水里。这项研究证实了“瓦伦达心态”的存在。

现实生活中，相信我们每个人身边都存在着“瓦伦达心态”的翻版。刘小姐就是其中一位。早在几年前，刚大学毕业的刘小姐想找一份机关的工作。恰逢某机关欲聘用 3 名优秀人才，先进行笔试，然后演讲。笔试之后，选出 6 名人员进行演讲比赛，刘小姐就是其中之一。然而，就在演讲进行之际，她却放弃，早早地逃离了会场。录用人员的名单出来时，5 名参加演讲的人员都榜上有名，唯独她未能如愿。

谈起此事时，刘小姐显得后悔莫及。她说，演讲前她根本无法静下心来想有关演讲的事宜，她在想，也许人员早已内定，对手们都走了后门、托了关系，演讲不过是形式而已；又想到自己家境不好，父母无权无势，与其到演讲台上当一回绿叶，不如早早走人，省得再遭罪。那5名录用人员当中，有她的同学小伊，成绩并不比她好。这就是由“瓦伦达心态”产生的效应。由此可见，一个人的健康心理是多么重要。

所以，我们在做事情的时候，不必思虑得太多。不去多想，马上去做，打断反复去思维的习惯，走出一步，往往做事情的勇气就随之产生了。

众所周知，我国的“飞天第一人”杨利伟，在最后的测试中，就是因为其心理素质极佳而最终胜出。事实证明也是如此，当火箭即将点火的那一刻，很多在场的工作人员和电视观众都心跳加快了，而杨利伟的心率依旧没有超过80次/分钟，甚至在整个飞行过程中，他的心率一直保持平稳。

有的人在职场上喜欢较劲，凡事都要一争高下，不能让别人占了上风——当然，有上进心是无可厚非的——但任何事情都有度，太较劲了，搞得自己身心疲惫、压力过大、闻功即喜、闻过即悲……总不是好事吧。其实，多少放松一点不是坏事，在工作上向高标准努力，在其他方面顺其自然，是一种不错的选择。

做苍蝇式的英雄

美国康奈尔大学的教授三好威克做过一个实验，把几只蜜蜂放进一个平放的瓶中，瓶底向光；蜜蜂们向着光亮不断碰壁，最后停在光亮的一面，奄奄一息；然后在瓶子里换了几只苍蝇，不到几分钟，所有苍蝇都飞出去了。原因是它们多方尝试——向上、向下、向光、背光，一方不通，立即改变方向，虽然免不了多次碰壁，但最终总会飞出瓶口。

蜜蜂为什么找不到出口？这是蜜蜂的经验认定：一是有光源的地方才是出口；二是它们每次朝光源飞的时候都是用尽了全部力量；三是它们被撞后还是不吸取教训，爬起来后继续撞向同一个地方；四是同伴的失败并不能唤醒它们，它们在寻找出口时也没有采用互帮互助、分工合作的方法。

而苍蝇为什么找到出口了呢？如果说蜜蜂是教条型、理论型，而苍蝇则是探索型、实践型。它们就从来不会认为只有有光的地方才是出口；它们撞的时候也不是用全部的力量，而是每次都有所保留；最重要的一点是，它们在被碰撞后知道回头，知道另外想办法，甚至向后看；它们能从同伴身上获得灵感，合作与学习的精神让它们共同获救。所以，最终它们是胜利者。

对“蜜蜂型”经营者来说，他们希望市场是一成不变的，希望依靠一次出手就能够获得成功，他们向一个不清晰的方向进军时总是付出手头全部的成本（包括人力、物力和财力）；而如果一次探索不成功，就觉得没有希望，沉沦下去，放弃了当初的想法；万一冒险成功了，觉得成功来之不易，死守才是正道；他们死抱着偶然的成功经验和模式不放，以后无论做事做人、自己做还是引导他人做，都采用简单的“复制过去”的方法。

而“苍蝇型”经营者则恰恰相反。他们认为市场是瞬息万变的，知道凡事要想成功必须付出长久的努力，每次进行尝试的时候也都抱着必胜的信心，但同时又对自己所能付出的力量有所保留。他们“找到出口”后也不狂喜，知道一次成功并不意味着长

久的成功，要想持续经营，必须持续努力，时刻为自己找出口；而且每次找到出口的方式都不相同，上次是在前方，这次可能是在侧面，上次出口可能大，这次可能是异常狭窄，上次是他人找到的，这次可能必须自己挖掘。

假如我们每个人都是经营者，都让自己做个选择，我相信大多数人还是会选择苍蝇式的方法。

同样，“蜜蜂型”与“苍蝇型”的经营者并不是不可转换的。有些“蜜蜂”会转成“苍蝇”，有些“苍蝇”会变成“蜜蜂”。世界上可能很少有彻头彻尾、始终如一的“苍蝇型”经营者，所以，最让人钦佩的是那些能够从“蜜蜂”转化为“苍蝇”的人。他们是怎么转化的呢？是过去的教训让他们发生了变化，是学习让他们获得进步，是合作让他们能够成功，是谦虚和远大的抱负让他们不放过任何机会。

做人优于做事

世界变了，电子、纳米技术、遗传工程……世界正一日千里地发展着。可是自古以来人得以立世的基本规则——诚实、信用、敬业、责任等，并没有随着瞬息万变的当代生活而发生根本改变。它们没有随着流行的时尚而大幅度摇摆，顶多只有少许的调整，甚至其中的绝大部分压根儿就没变。

只有过了做人这一关，你才能谈到很好地做事。做人是需要原则的，而这些原则看不到，都是在做事的过程中体现出来的。

这就像经济学上的价值规律，大家都知道价值规律的存在，但人们用肉眼是看不到价值规律的，它只能从商品价格的波动中体现出来。

1. 做个好人

弗莱明是一个穷苦的苏格兰农夫。有一天他在田里劳作时，听到附近泥沼里有人发出求助的哭声。他急忙放下农具跑到泥沼边，发现一个小孩掉到粪池里。弗莱明赶紧把这个小孩从死亡线上救了回来。

隔天，有一辆新奇的马车停在农夫家门口，从车里走出来一位优雅的绅士，他自我介绍是那位被救小孩的父亲。绅士说："我要报答你，你救了我小孩的性命。"农夫说："我不能因救你的小孩而接受报酬。"就在那时，农夫的儿子从茅屋门走出来，绅士问："那是你的儿子吗？"农夫很骄傲地回答说："是。"绅士说："我们来个协议，让我带走他，并让他接受良好的教育。假如这小孩像你一样，他将来一定会成为一位令你骄傲的人。"农夫答应了。后来，在绅士的资助下，农夫的小孩从圣玛利亚医学院毕业，他就是举世闻名的弗莱明·亚历山大爵士，也就是盘尼西林的发明者。1944 年，他受封骑士爵位，并获得诺贝尔医学奖。

这是个付出而不期望回报却出人意料地得到回报的故事。而之所以赢得这些回报，是他们在人际交往时无意间呈现的高风亮节和人格魅力。是的，在这个世界上，人们最敬佩尊重并渴望报答的，是那些具有高尚品德和良好声誉的人，不管他是一个伟人，还是一个农夫。

2. 品德的力量

有个人想成为大富翁，便到上帝那里乞求。上帝一时心热，便给了他一篮子品德。那个人苦恼地说：上帝呀，我要的是金钱呀！上帝说：没错呀！我给你的是品德，因为品德能使你换来金钱呀！那个人不解地回到人间，广泛散布上帝给他的东西。几年后，他果然成为一位大富翁。

这个寓言故事说明了一个道理，就是品德能够创造财富。现实生活中也是这样。一家军工企业生产民用家具，在一批货发出后，发现有一张桌子少漆了一遍。经查找，这张桌子已经被顾客买走了。于是厂方便通过电台连续广播了半个月，寻找那位买主。没想到，此项举措虽然没找到买主，却引来了 12 家商场愿意包销该厂产品的好事。

下面是一个妇人和一个将军的故事。

有一次，在开往费城的火车上，中途一个妇人上了车，走进一节车厢，坐在了座位上。这时候，走过来一位略显肥胖的男子，坐在她对面的座位上，点了一根香烟。她禁不住咳了几声，身子也挪来挪去。

可是，那位男子丝毫没有注意到她的暗示。最后，妇人终于忍不住开口说道："你多半是外国人吧？大概不知道这趟车有一节吸烟车厢。这里是不让抽烟的。"那个男子一声不吭掐灭了香烟，扔出了窗外。

过了一会儿，列车员过来对妇人说，这里是格兰特将军的私人车厢，请她离开。她听了大吃一惊，站起身往门口走。她看着将军一动不动的身影，心里有些慌张和害怕。而整个过程中，将军仍像刚才一样表现出了他的宽容大度，没有给她任何难堪，甚至没有取笑嘲弄她的神情。

将军在妇人面前表现出了自己的涵养，他并没有因为自己的地位高贵而轻视她；相反，却顾及了妇人的尊严，让妇人备受感动，也让我们学到了做人的学问。

品德的力量无处不在，凡是取得成功的人士最终都是做人的成功。金庸的《鹿鼎记》是一部广为流传的武侠小说，小说中的主人公韦小宝是一位令很多男同胞羡慕的成功典范：身居高官显位、拥有亿万家产、身拥娇妻美妾。韦小宝本出身于勾栏之地，生长在烟花柳巷，身上颇具痞气和无赖之气，诡计刁钻，远非仁人君子之辈，但他有两点始终如一，就是他从未背叛过朋友和上司，对上司忠，对朋友义，是一个忠义两全的人物。无论在波云诡谲的宫廷，还是在险恶难测的江湖，他都能够轻松自如，从容应对，最终取得了当时一般人很难取得的最高成就。我想温文儒雅、有仁人风范的金庸先生不会随意为几乎是不学无术的韦小宝安排这样的一个结局的，除了运气之外，忠义两全是使韦小宝获得这种成就的主要原因。在故事中，韦小宝并没有声明自己做事的这两个原则，但他实际上是这样做的，而且无论在任何复杂的情况下，他都坚持了这一原则。

3. 比尔 · 盖茨的人生准则

盖茨之所以这样令人瞩目，财富仅仅是其中的一部分原因。有人对盖茨的成功产生了怀疑，也有人把他的成功称为难以置信的神话，但有一点是毋庸置疑的：盖茨不是靠幸运取得成功的，微软也不是建立在偶然基础上的软件帝国。盖茨是电脑天才，是管理天才，更是一个精通生活和经营人生的天才。

比尔·盖茨也曾经和我们一样不名一文，但他知道如何利用自身的优势去抓住身边的机遇，于是，他成功了，拥有了自己渴望的一切，比如名声、地位、金钱等。在他这些财富后面，还隐藏着一些更为根本的东西，那就是让他跌倒后重新站起来的经验教训，他经年累月与人与物周旋所摸索出来的黄金法则，他在关键时刻力挽狂澜的精神支持，这是比黄金更为宝贵的无形资产。正是靠着它们，盖茨走到了让我们无限钦羡的人生巅峰。

有这样一句话曾被不少人奉为经典："许多人都以为生活是由偶然和运气组成的，其实不然，它是由规律和法规组成的。"规律是事物最本质的内涵，是事物兴衰成败的黄金法则。比尔·盖茨的 11 条准则就是盖茨先生从自己的个人经历中总结出来的成功经验和人生智慧。

比尔·盖茨的成功法则就是一部智慧宝典，我们不妨看作"财富背后的财富"。这些准则旨在告诉青年朋友如何做人，如何面对生活，如何走向成功。因此，我们发现只有自觉地去发掘、掌握这些准则，才能找到从平凡到伟大的最为可行可靠的途径，从而跃过障碍、绕过陷阱而一步步接近成功，成就大业！

适应生活

生活是不公平的，要去适应它。命运掌握在自己手中。

成功是你的人格资本

这世界并不会在意你的自尊。这世界指望你在自我感觉良好之前先要有所成就。成功是人生的最高境界，成功可以改变你的人格和尊严，自负是愚蠢的。

别希望不劳而获

高中刚毕业的你不会一年挣 4 万元，不会成为一个公司的副总裁同时拥有一部装有电话的汽车，直到你将此职位和汽车电话都挣到手。成功不会自动降临，成功来自积极的努力，要分解目标，循序渐进，坚持到底。

习惯律己

如果你认为你的老师严厉，等你有了老板你不会再这样想。老板可是没有任期限制的。好习惯源于自我培养。

不要忽视小事

烙牛肉饼并不会有损你的尊严。你的祖父母对烙牛肉饼可有不同的定义，他们称它为机遇。平凡成就大事业。

从错误中吸取教训

如果你陷入困境，那不是你父母的过错，所以不要尖声抱怨，要从中吸取教训。

事事需自己动手

在你出生之前，你的父母并非像他们现在这样乏味。他们变成今天这个样子是因为这些年来他们一直在为你付账单，给你洗衣服，听你大谈你是如何酷。所以，如果你想消灭你父母那一辈中的“寄生虫”来拯救自己的话，还是先去清除你房间衣柜里的虫子吧。不要总靠别人活着，要凭借自己的力量前进。

你往往只有一次机会

你的学校也许已经不再分优等生和劣等生，但生活却仍在做出类似区分。在某些学校已经废除不及格分，只要你想找到正确答案，学校就会给你无数机会。这和现实生活中的任何事情没有一点相似之处。机遇是一种巨大的财富，机遇往往就那么一次，也许你“没有机会”，但可以创造。

时间，在你手中。

生活不分学期，你并没有暑假可以休息，也没有几位雇主乐于帮你发现自我。自己找时间做吧，决不要把今天的事情拖到明天。

做该做的事，电视并不是真实的生活

在现实生活中，人们实际上得离开咖啡屋去干自己的工作。

善待身边的所有人

善待乏味的人，有可能到头来你会为一个乏味的人工作。善待他人就是善待自己，要用赞扬代替批评并主动适应对方。

把逆境变成一种祝福

如果你认为你一生中都不会陷入绝境，那么只能证明你正在走向绝境的路上。如果你已经陷入绝境，那么就证明你已经得到了上帝的垂爱，将获得一次改变命运的机会。如果你已经走出绝境，回首再看看，你会说你从未发现过，自己远比自己想象的要伟大、坚强、聪明。

约翰在威斯康星州经营一座农场，当他因为中风而瘫痪时，就是靠着这座农场维持生活。

他的亲戚们都确信他已经没有希望了，所以就把他搬到床上，让他一直躺在那里。虽然约翰的身体不能动，但是他还不时地在动脑筋。忽然间，有一个念头闪过他的脑海，而这个念头注定了要补偿他人生不幸的缺憾。他把他的亲戚全都召集过来，并要他们在他的农场里种植谷物。这些谷物将用作一群猪的饲料，而这群猪将会被屠宰，并且用来制作香肠。

数年间，约翰的香肠就被陈列在全国各商店出售，结果约翰和他的亲戚们都成了拥有巨额财富的富翁。

出现这样美好结果的原因就在于约翰的不幸迫使他运用从来没有真正运用过的一项资源：思想。他定下了一个明确目标，并且制订了达到此目标的计划，他和他的亲戚们组成智囊团，并且以应有的信心，共同实现了这个计划。别忘了，这个计划是因为约翰中风才出现的。

当你遇到挫折时，切勿浪费时间去算你遭受了多少损失；相反，你应该算算看你从挫折当中，可以得到多少收获和资产。你将会发现你所得到的会比你所失去的要多得多。

你也许认为，约翰在发现思想力量之前就必然会被病魔打倒，有些人更会说他所得到的补偿只是财富，而这和他所失去的行动能力并不等值。但约翰从他的思想力量和他亲戚的支持力量中，也得到了精神层面的补偿。虽然他的成功并不能使他恢复对身体的控制能力，但却使他得以掌控自己的命运，而这就是个人成就的最高象征。他可以躺在床上度过余生，每天只为自己和他的亲人难过，但是他没有这样做，反而带给他的亲人们想都没有想过的安全。

一个不甘心平庸的人，哪怕是有一点点想法，在把想法通过办法变成现实的过程中，都会遇到各种各样的难题、阻力和麻烦。人为制造的、客观存在的和偶然发生的，会让你感到时不我与、英雄气短的无奈，会让你有穷途末路求救无门的尴尬。

人生之所以有绝境，是因为你要突破、要挑战。身陷绝境，不要诅咒。

绝境仅仅是一段距离、一个门槛和一次洗礼，同样也是一次转折、一次醒悟和升华。在绝境中你往往会超越与俗人甚至包括你自己所见的常规，书写连你自己都不曾敢想的神话。所以，绝境才是你的资本、你的证明。

自古英雄多磨难。一个平凡人成为一个领域的英雄或者成为一个时代的英雄，是挫折和磨难使然，因为英雄和平凡人的区别就在于，英雄在逆境中抓住了逆境背后的机遇，在绝境中创造了奇迹。而平凡人在逆境中选择了随波逐流，在绝境中选择了放弃。

什么事情都是成也在人败也在人。失败者并不是天生就比成功者差，而是在逆境或者绝境中，成功者比失败者多坚持一分钟，多走一步路，多思考了一个问题。

第五章

走出低谷：做好飞跃的一切准备

人生的低谷并不是迈向成功的绊脚石，不是阻挠你前行的拦路虎，更不是束缚你飞越的锁链。它是一杯酒，让你调剂百味的人生；它是一剂药，让你填补心灵的空白；它是一张相片，让你回顾走过的路。青春的足迹留下了我们的辉煌，也留下了我们的遗憾。或许我们错失了一次良机，或许我们正处于人生的低谷，但只要我们把握着、经历着、努力着，此刻，也正是我们腾飞的最佳时节。所以，我们要做好飞跃低谷的一切准备，因为，那将会是你新的转折的基础。

慎重选择自己的职业

在管理学中有一句名言：没有最好的，只有最切合实际的。我们选择职业也是一样，没有对与不对，只有适合与不适合。我们每个人的个性、天赋、才能、所处的环境等都不一样，而我们所要做的，不是抱怨自己不如别人的地方，而是认真分析自己的特点，找出适合自己做的事情。世上本没有垃圾，只有放错位置的财富。人生定位准确、职业选择恰当是走出低谷、取得成功的重要基础。

1. 了解自己的核心竞争力

人要想找准自己的定位，就一定要明白自己的特长，深刻了解自己个人的核心竞争力。只有这样，无论你是想成为商人，还是想从政、从军或是搞研究，在开创事业的时候，胜算的把握才能大。

没有最好的，只有最适合你的。1993 年，刘永森离开黑龙江，像很多人一样漫无目的地来北京寻找挣钱的机会，在北京一家公司打工。因为喜好速记，所以经常练练手，于是就有一些人知道他有速记这个“绝活”。一次偶然的机会，他被中央党校的一位老先生邀去做速记，由老先生口述，他做记录。由于多年的练习，他对此轻车熟路，出错率很低。

刘永森的核心竞争力就是别人不具备的那种速记能力。刘永森以 10 万元注册了北京文山会海速记公司，在北京这个速记覆盖率不足10%的市场中全力发展速记业，口口相传，他开始陆续地为个人做速记。这时候，他才重新审视自己所掌握的速记技能，才开始观察北京市场对速记的需求。结果发现，自己身处的这个地方是速记发展最理想的市场，于是，他花2000元买了一台旧笔记本电脑，从此乐此不疲地为他人做速记。这时候，他已不仅为个人做速记，而且开始承揽各种会议速记。

在北京市场，速记成为一种商业行为也只是“小荷才露尖尖角”，但毕竟有了一个开始，而且还显现出强大的潜力。成功地分享“速记之餐”的刘永森说：“这是个不成熟的领域，我碰巧有这个不成熟领域里成熟的技术，把握住这一点我就成功了一半；还有，不管面对什么压力，我都会坚持自己已经认定的目标，这样我就得到了成功的另一半。”

我们从中可以看出，刘永森充分发挥了自己的核心竞争力，使自己的事业取得成功。

一个人的核心竞争力是别人不具备的那种能力。每个人都该关心未来，因为我们都有未来。预测未来原本就是相当困难的问题，预测行业未来的走向亦然。然而，“人怕入错行”。成功的企业家大多出自成长快速的行业，很少有人能在衰退的行业中出人头地。行业未来的走向、发展如何，不但关系我们的前途，也是决定投资报酬的关键因素。因此，我们不能因为困难而放弃，相反，更要加强对未来行业走向的预测。

2. 选择适合自己的职业

每个人都有各自不同的竞争力，不同类型的人适合不同的行业；成功也不能按财富的多少一概而论。有的人适合商海的拼搏，有的人喜欢官场的气氛，有的人精于传道授业解惑，有的人听到军营的号角就激动……所以，每个人最重要的是要明白自己适合做什么，只有这样，才能最大限度地发挥自己的聪明才智，才能在自己的行业中取得成功。

有一则哲学家与船夫之间的对话，很能说明这个道理。

哲学家问船夫："你懂哲学吗？"

"不懂。"船夫回答。

"那你至少失去了一半的生命。"哲学家说。

"你懂数学吗？"哲学家又问。

"不懂。"船夫回答。

"那你失去了 80% 的生命。"

突然，一个巨浪把船打翻了，哲学家和船夫都掉到了水里。看着哲学家在水中胡乱挣扎，船夫问哲学家："你会游泳吗？"

"不会。"哲学家回答。

"那你将失去整个生命。"船夫说。

哲学家和船夫分别有其各自的核心竞争力，只是场合不同、表现方式不同而已。

职业的选择，职业选择正确与否，直接关系到人生事业的成功与失败。据统计，80%的人在事业上是失败者。如何才能选择正确的职业呢？至少应考虑以下几点。

性格与职业的匹配。

特长与职业的匹配。

内外环境与职业相适应。

当人的职业确定后，向哪一路线发展，此时必须做出选择。通常职业生涯路线的选择须考虑以下问题。

我想往哪一路线发展？

我能往哪一路线发展？

3. 如何规划自己的职业

任何人都应当对自己的职业进行一次整体规划。职业生涯规划一旦设定，它将时时提醒人们已经取得了哪些成绩以及人们的进展如何。一个没有计划的人生就像一场没有球门的足球赛：对球员和观众来说都兴味索然。

分析自己的需求

首先，我们要开动脑筋，写下10条未来5年自己认为自己应做的事情，要确切，但不要有限制和顾虑哪些是自己做不到的，给自己头脑充分空间。其次，就是更直接地完成这个句子："我死的时候会满足，如果……" 想象假设自己马上将不在人世，什么样的成绩、地位、金钱、家庭、社会责任状况能让我满足。

SWOT（优势／劣势／机遇／挑战）分析

试着分析自己的性格、所处环境的优势和劣势，以及一生中可能会有哪些机遇，职业生涯中可能有哪些威胁，这是要求自己试着去理解并回答自己这个问题：我在哪儿？我该干什么？

长期和短期的目标

根据自己认定的需求，自己的优势、劣势、可能的机遇来勾画出自己长期和短期的目标。例如，如果你的需求是想授课，赚

很多钱，有很好的社会地位，则你可选的职业道路会明晰起来。你可以选择成为管理讲师，这要求你的优势包括丰富的管理知识和经验，优秀的演讲技能和交流沟通技能。在这个长期目标的基础上，就可以制定你的短期目标来一步步实现。

阻碍

确切地说，就是写下阻碍自己达到目标的缺点，所处环境中的劣势。这些缺点一定是和你的目标有联系的，而并不是分析你所有的缺点。它们可能是你的素质方面、知识方面、能力方面、创造力方面、财力方面或是行为习惯方面的不足。当你发现了自己的不足，就下决心要改正它，这能让自己不断进步。

提升计划

现在应该让你写下你要克服这些不足所需的行动计划。要明确，要有期限。你可能会需要掌握某些新的技能，提高某些目前的技能，或学习新的知识。

寻求帮助

让你分析出自己行为习惯中的缺点并不难，但要去改变它们却很难。相信你的亲人、老师、朋友、上级主管、职业咨询顾问都可以帮你。有外力的协助和监督会帮助你更有效地完成这一步骤。

分析自己的角色

人应该制订一个明确的实施计划，一定要明确根据计划你要做什么。那么现在你已经有了一个初步的职业规划方案。如果你目前已在一个单位工作，对你来说进一步的提升非常重要，你要做的则是进行角色分析。反思一下这个单位对你的要求和期望是什么，做出哪种贡献可以使你在单位中脱颖而出。大部分人在长期的工作中趋于麻木，对自己的角色并不清晰。但是，就像任何产品在市场中要有其特色的定位和卖点一样，你也要做些事情，一些相关的、有意义和影响但又不落俗套的事情，让这个单位知道你的存在，认可你的价值和成绩。成功的人士会不断对照单位的投入来评估自己的产出价值，并保持自己的贡献在单位要求之上。

一个好的职业规划是事业的起步，也会对自己未来的生活产生很多积极影响。

设计自己的职业生涯

人生定位就是给自己的人生一个说法：自己到底想要做一个什么样的人。这包括两个方面，一个是做人方面的，就是自己要做一个什么样的人；一个是做事，就是自己的一生要以什么为业，简单一点说就是职业定位。

据统计，大学生中有40%的人学习兴趣不高，这主要因为他们当初没有明确地选择好自己的学习方向，这对于他们今后的发展也不利。有句老话说得非常好，“人生最怕绕远”。

有一个名牌大学毕业生，从事水泥行业，虽然工作也很不错，但她总是说自己不喜欢这个行业，总是捏着鼻子工作。如果她要是从事一个她所喜欢的行业，以她的聪明才智，一定能做出更大的成就。

如果你20岁时不知道自己做什么，25岁时也不知道自己做什么，这还没有关系，但30岁时一定要明白自己适合干什么，喜欢干什么，不然以后你的机会就越来越少了。知道自己的长处，知道自己擅长什么，并且清楚你所喜欢做而又做得比别人好的事情。不管你目前担任什么样的角色，知道自己的长处对成功都很重要。

人生的诀窍就是经营自己的长处、给自己的人生增值。正如富兰克林所说："即使是宝贝，放错了地方也只能是废物。"

在人生的各个阶段，每个人都得称称自己的斤两，并分析自己所追求的目标及价值，这一行为，人们将其称为"职业生涯设计"。

职业生涯设计由审视自我、确立目标、生涯设计、生涯评估四个环节组成。

1. 有效的职业生涯设计必须是在充分并且正确地认识自身条件和相关环境的基础上进行。对自我及环境的了解越透彻，越能做好职业生涯设计。

2. 有效的生涯设计需要切实可行的目标，以便排除不必要的犹豫和干扰，全心致力于目标的实现。如果没有切实可行的目标做驱动力的话，人们是很容易对现状妥协的。

3. 有效的生涯设计需要有确实能够执行的生涯策略，这些具体、切实、可行性较强的行动方案会帮助你一步一步地走向成功，实现目标。

4. 有效的生涯设计还要不断地反省、修正生涯目标，反省策略方案是否恰当，以适应环境的改变，同时可以作为下轮生涯设计的参考依据。

20岁至30岁：走好第一步

这一阶段的主要特征是从学校走上工作岗位，是人生事业发展的起点。如何起步，直接关系到今后的成败。

这一阶段的主要任务之一，就是选择职业。在充分做好自我分析和内外环境分析的基础上，选择适合自己的职业而设定人生目标，制订人生计划。再一个任务，就是要树立自己良好的形象。年轻人步入职业世界，表现如何，对未来的发展影响极大。有些年轻人，特别是刚毕业的大学生，总认为自己有知识、有文化，到单位工作后不屑于做零星小事，不能给同事们留下良好的印象，这对一个年轻人的发展而言，可以说是一个危机。还有一个重要任务，就是要坚持学习。根据日本科学家研究发现，人一生工作所需的知识，90%是工作后学习的。这个数据足以说明参加工作后学习的重要性。

30岁至40岁：不可忽视修订目标

这个时期是一个人风华正茂之时，是充分展现自己才能、获得晋升、事业得到迅速发展之时。此时的任务，除发奋努力，展示才能，拓展事业以外，对很多人来说，还有一个调整职业、修订目标的任务。人到30多岁，应当对自己、对环境有了更清楚的了解。看一看自己选择的职业、生涯路线和确定的人生目标是否符合现实，如有出入，应尽快做出调整。

40岁至50岁：及时充电

这一阶段，是人生的收获季节，也是事业上获得成功的人大显身手的时期。对于到了这个年龄仍一无所得、事业无成的人应深刻反省一下原因何在，重点在自身上找原因，对环境因素也要做客观分析，切勿将一切原因都归咎于外界因素、他人之过。只有正确认识自己，找出客观原因，才能解决人生发展的困阻，把握今后的努力方向。

此阶段的另一个任务是继续“充电”。很多人在此阶段都会遇到知识更新问题，特别是近年来科学技术高速发展，知识更新的周期日趋缩短，如不及时充电，将难以满足工作需要，甚至影响事业的发展。

50 岁至 60 岁：做好晚年生活规划

此阶段是人生的转折期，无论是在事业上继续发展，还是准备退休，都将面临转折问题。由于医学的进步，生活水平的提高，很多人此时乃至以后的十几年，都能身体健康，照样工作，所以做好晚年生涯规划十分重要。日本的职工一般是 45 岁时，开始做晚年生涯规划；美国是 50 岁时开始做晚年生涯规划。我国的职工按退休年龄提前 5 年做晚年生涯规划即可。

主要内容应包括以下几个方面：一是确定退休后的 20 至 30 年内，你准备干点什么事情，然后根据目标，制订行动方案；二是学习退休后的工作技能，最好是在退休前 3 年开始着手学习；三是了解退休后再就业的有关政策；四是寻找工作机会。目前我国已有离退休人员的人才职业介绍所，可提前与这些部门联系，取得他们的帮助。

做自己最擅长的事

这个世界上，大多数人都是平凡普通的人，但大多数人都希望自己能成为不平凡的人。梦想成功，希望才华获得赏识，能力获得肯定，拥有名誉、地位、财富，这几乎是所有人的心愿。不过，遗憾的是，真正能做到这些的人，似乎总是不多。

如果用心去观察那些成功的人，几乎都有一个共同的特征：无论才智高低与否，也不论他们从事哪一种行业、担任何种职务，他们都能随时保持积极进取的态度，且十分看重自己的价值，对目标执着，并能绝对坚持到底。

除了当音乐家、画家、运动员这些行当，多少需要依赖某些天赋的能力，才有可能做出一番成就之外，其余绝大多数的成就，都是可以靠后天的训练与努力得来的。

1. 一个人想要获取真正的成功，有一个原则是必须牢记的：每个人应该选择自己最擅长的工作，做自己专长的事。换句话说，当你在与人相比时，不必羡慕别人，你自己的专长对你才是最有利的，这就是经济学强调的“比较利益”。

2.“机会成本原则”。一旦自己做出选择之后，就得放弃其他选择，两者之间的取舍反映出此工作的机会成本，所以你应该明白，对工作必须全力以赴，增加对工作的认真度。

3.“效率原则”。工作的成果不在于你工作时间有多长，而在于成效有多高，附加价值有多大，如此，自己的努力才不会白费，才能得到应有的报酬与收获。

不言而喻，当人做自己最擅长的工作时，效率会高出许多。境遇是自己开创的，成功是自己造就的。你永远不必看轻自己，你要相信你的能力是独一无二的，你也许正在完成一件了不起的事，有朝一日，你或许真的可以变得“很不平凡”。

事实上，选择你擅长的工作，对人的身心健康也十分重要。琼斯霍金斯医院的雷蒙大夫配合几家保险公司做了一项调查，研究使人长寿的因素，他把“正确的工作”排在第一位。这正好符合了苏格兰哲学家喀莱尔的名言：“祝福那些找到他们心爱工作的人，他们已不须再企求其他的幸福。”

愿我们的年轻人，再也不要随波逐流。应该像成功的人一样，学会做自己最擅长的工作，以真正发挥自身特长。

写下你的最高目标

平平安安地过日子是大部分人生活的目标。人本身的特点规定，不论你的愿望是什么，你只要想成为某种人，你就会无意识地、不自觉地向实现愿望的方向运动。对于嗜酒者来说，他的愿望是再来一杯酒；而对于冲浪运动员来说，他的愿望则是下一个波浪。

总而言之，每一个人都有取得事业成功的潜力，也有成功的机会。以辉煌的成就度过人生也好，在败北的屈辱中熬过人生也好，人所消耗的精力和努力的心血，实际都是一样的。所以，真正的人，都应该无畏地追求事业的成功。

人生的胜者往往从起步时就有了生活目标。一个成功的人生目标值得怀有成功信念的人去追求，因为它的确能促使自己的事业不断地进步，实现不间断的辉煌。

目标远大会给人以创造性火花，使人有可能取得成就。正如查普曼说的："世人历来最敬仰的是目标远大的人。其他人无法与他们相比：贝多芬的交响乐、亚当·斯密的《原富》，以及人们赞同的任何人类的精神产物——你热爱他们，因为你说，这些东西不是做出来的，而是他们的真知灼见发现的。"

成功人士都是这样取得成功的。奥运金牌得主不光靠他们的运动技术，而且还要靠远大的目标的推动力，商界领袖也一样。

远大的目标就是推动人们前进的梦想。随着梦想的实现，你会明白成功的要素是什么。没有远大的目标，人生就没有瞄准和射击的目标，就没有更崇高的使命能给你希望。正如道格拉斯·勒顿说的："你决定人生追求什么之后，你就做出了人生最重大的选择。要能如愿，首先要弄清你的愿望是什么。"有了理想，你就看清了自己想取得什么成就。有了目标，你就会有一股无论顺境逆境都勇往直前的冲劲。目标能使你不断超越你自己。

开始你的创业之旅

1. 扬长避短，开创事业

尺有所短、寸有所长，人们在自身条件上都是有差别的。避己所短，扬己所长，是你的人生能否成功的关键。一个人想去创业，最首要的是对自己在哪方面存在着长处，哪方面存在不足有个清楚的了解。

首先要分析一下自身的长处在哪里，短处在哪里。譬如，自己是否具有一定的文化知识基础。一般来说，有较高文化水平的人有较强的获取信息的能力，具有较广泛的社会交际面，办理一些复杂的事情比较有办法，表现为综合的社会活动能力强。除了对这种基本能力的认识之外，还要认识自己的实际技能中具有哪些专长。也许你长期服务于某个行业，擅长该行业的买卖，譬如经营建筑材料，已经非常熟悉，对品种、规格、价格、产地、主要市场等情况了如指掌，并且有现成生意路子可利用；或者是精通某门技术、掌握了生产某项产品的技术诀窍，只要投入一定量的资金就能够生产出合格的产品；或者你有关系、在某个行业颇有“路子”。因此，人们在选择某种创业方向的时候，首先从自身的特长出发。当然能发挥特长的经营方向也许在另一方面恰恰是短处。譬如自己精通生产甲产品的一整套技术，但对销售方法一窍不通。

人们从事创业活动，除了本身需要具备一定的条件之外，外部条件也很重要。譬如，擅长开餐馆，但是所在住地只是个千余人口的小村庄，流动人口很少，开餐馆没有几个人来吃饭。这个长处就难以在本地区发挥出来。可见具体的环境非常重要，如果环境刚好适用于发挥自己的特长，这种特长才能真正发挥出来。

2. 转折中的成功与失败

如果你觉得现在公司没有什么乐趣可言，你就应该自己发掘更有趣味的工作方法。有很多人转职就是因为这个理由，和自立门户一样，考虑转职的最后时期也应在30多岁这一段时期。如果你到了40多岁，即使有别的公司邀请你，它也不便向你讨论薪资的问题；而对于一个20多岁的人来说，别的组织也不会冒险邀请你去，因为它还看不出你究竟有些什么才能。但对于30多岁的人来说，不管是在才能方面，还是在人品方面都能让人有所了解，所以这时，别的公司也很愿意邀请你（如果它发现你有很强的才能）进入他们公司。

转折对人来说，最重要的是要能在一个新的天地里施展拳脚。不过，这可能是孤注一掷，不但自己很难有必胜的信心，也很难在此基础上说服自己的妻子。可能只有少数的妻子会鼓励丈夫完全按照他自己的意愿行事。实际上，几乎所有打算创业的人最困难的事就是说服自己的妻子。因为她会先考虑生活上的开销，如果她觉得丈夫转职给她一种不安全的感觉，这时她便会有一种防卫本能，所以她往往会规劝自己的丈夫不要出去冒险，还是老老实实地待在原来的工作岗位上，而男人通常又不得不面对这样的女人。

转职者本来应该面对的是如何向自己的上司、前辈、同事们解释，而实际上这些人都容易对付，最难对付的还是自己的妻子，要想说服她往往很困难。

值得注意的是，有很多30多岁的转职者往往不愿意向人多提有关工作的事。其原因有可能是自己不愿向别人谈论自己的事；也可能是自己在混不下去的情况下而不得不转职，这时就更不好意思向别人提了。如果是第二种情况，那么不管是创业或是转职，恐怕都很难成功，这时即使到了一个新的环境，还是需要用自己的才能来开展工作，所以最重要的是要在转职前培养自己的实力。我们知道，一件商品如果没有其优越的特点是不会畅销的。同样的道理，一个人如果没有实力也是很难被推销出去的。

一个人不能把自己“卖”得太便宜，这也是转职时必须注意的大前提；这就要求你必须要有很强的实力。因为，当你到一个新的环境，所有职员都会期待着你能不负众望，所以你必须具有很强的能力，不能让他们失望。这就好比一个转学生，在你转到一个新的学校时，那些成绩好的同学就会不安地揣测你的成绩究竟如何。如果他们发现你经过几次考试后并没有什么特别好的成绩，那么他们就再也不会看重你了。转职的主动权掌握在我们自己手中。在转职时，我们应该具有能让新公司里的领导及同事佩服的才能。如果你到一个新的公司仍然庸庸碌碌，那么你的人生之路恐怕是很难见到光明了。你以后也许只能领到不多的薪水而平凡地度过一生。

一个30多岁的人应该能激发自己的斗志，即所谓的意志。

而只有那些意志坚强的人才能得到重视，成为别人网罗的对象。因为没有人愿意用高薪聘请一个平凡的人。所以，一个30岁的人必须努力提高自己的能力，增加自己的分量。

3. 创业者需做哪些心理准备

要有积极、乐观、自信的心态，战略上藐视敌人，战术上重视敌人。

创业也许很顺利，也许是一条艰难和充满风险的道路。但不管怎样，对于一个创业者来说，首先要自信，要相信自己的选择是正确的，相信自己能成功。自信是人生和事业成功的基础，如果你对自己的选择一点都没信心，不如干脆放弃。当然自信不是盲目自信，而是建立在理性分析基础上的自信。

创业具体的准备工作则是越详细越好，尽量考虑各种风险和可能情况，对自己的资源和优劣情况做全面分析，在此基础上考虑各种应对的办法，甚至还要考虑失败后的退路。但一旦决心和计划已定，就要勇敢地跨出第一步。这里顺便提一下身体素质，创业者需要有一个健康的体魄，古往今来，成功者往往是那些精力旺盛的人。因为，首先，身体越健康，精力就越旺盛，就越能应付未来的繁重工作。其次，很多不良情绪往往与身体状况有很大的关系，身体状况越好，情绪也越好，人就越会有积极、自信的心态。

要有吃苦的心理准备

创业不同于普通上班，朝九晚五，时间固定，每个星期还有两天假日可休息、可娱乐，可对自己进行心理休养。自己创业，意味着没有休息日，意味着没有固定的休息时间，加班变成一种常态。意味着没有很多时间从事家务，不能抽很多时间陪伴家人。也有可能你必须什么活都做，重的，轻的，精通的，不精通的，你都要能拿得起。创业的时候，没有老板的约束，你必须克服你身上的惰性，学会自己约束自己。当然，一旦你的工作走上正轨，你反而有可能更轻松，更自由。

要有独立分析和决策的心理准备

读书时，你不用操心，父母给你安排好了一切，你的道路很清晰。上班时，作为一个普通员工，或者你已经习惯了老板或上司给你分配工作任务，或者你有相对固定的工作内容，一些难以决策的事情还可以请教上司，请教同事，甚至请上司定夺。决策时，即使你要承受一定的风险和责任，也相对有限，一句话，你可以有一定的依赖性。

而当你选择了自己创业，你就无法享受这种依赖性。一切都要靠你自己，你必须对自己负责，父母和朋友只能起辅助作用，甚至根本无法依靠。这时你就必须培养独立的分析能力和决策能力。你必须自己给自己制订工作计划，学会时间和事务管理。你必须自己决定经营和发展方向，自己决定怎样调配资源。今天要考虑进什么产品，明天要考虑怎样提高销售额。假如你聘请了员工，你还要对员工进行管理，学会员工管理和任务分配。而且开始时也许你不放心，事无巨细都要自己参与，有时即使事情复杂让你难以决断，但你最终还得拿定一个主意。

要有承受压力和挫折的心理准备

因为是自己的事业，你会面临很多压力。经营处于低潮怎么办？客户纠纷怎么处理？员工工作不称职怎么办？工商税务怎么对付？现金流中断怎么办？遇见突发事件怎么办？这一切都会让你产生压力感和挫折感，让你痛苦，让你辗转难眠。你会觉得，经商咋就这么累，这么烦，有时候你甚至想放弃。严重的压力感和挫折感还有可能影响你的判断能力和决策能力，使你工作效率低下，甚至影响身体健康。同时，创业还面临一定的风险，你也有可能失败，甚至辛辛苦苦筹集的资金都打了水漂，让你第一次创业遭受沉重的打击。

当然这些现象只是一些可能性，也许你开始的规模不大，根本不会出现这些情况，即使出现这些情况，解决的难度也不大。也许你的家人和朋友可以为你出谋划策，可以帮你，也许你有合伙人可以共同决策和承担风险。生意出现低谷很正常，即使真的遭遇很大的挫折，你也必须记住，人生贵在坚持，人生的低谷也是人生的转折点。你会由此一步步地走向成熟，事业也会由此渐入佳境，而当你事业有了一定规模，你承受困境压力的水平和实力就会越来越高。

有效地补救缺陷

1. 空想不如行动

有一个外国人一直想到中国旅游，于是订了一个旅行计划，他花了几个月阅读能找到的各种材料——中国的艺术、历史、哲

学、文化。他研究了中国各省地图，订了飞机票，并制定了详细的日程表，他标出要去观光的每一个地点，每小时去哪里都定好了。这人有个朋友知道他翘首以待这次旅游。在他预定回国的日子之后几天，这个朋友到他家做客，问他："中国怎么样？"这人回答："我想，中国是不错的，可我没去。"这位朋友大惑不解："什么！你花了那么多时间做准备，出什么事啦？""我是喜欢制订旅行计划，但我不愿去飞机场，所以待在家里没去。"

1908 年，年轻的希尔在田纳西州一家杂志社工作的同时又在上大学。由于他在工作上的杰出表现，被杂志社派去访问伟大的钢铁制造家安德鲁·卡耐基，卡耐基十分欣赏这位积极向上、精力充沛、有闯劲、有毅力、理智与感情又平衡的年轻人。他对希尔说："我向你挑战，我要你花 20 年的时间专门用在研究美国人的成功哲学上，然后提出一个答案。但除了写介绍信为你引荐这些人，我不会对你做出任何经济支持，你肯接受吗？"年轻的希尔信任自己的直觉，勇敢地承诺"接受"。以致数年后希尔博士在他的一次演讲中说："试想想：全国最富有的人要我为他工作 20 年而不给我一丁点薪酬，如果是你，你会对这建议说 YES 抑或 NO。如果识'时务'者，面对这样一个'荒谬'的建议，肯定会推辞的，可我没有这样干。"

在卡耐基对希尔的挑战中包括了明确的目的——研究美国人的成功哲学，以及达到目的的时限为 20 年。长谈之后，在卡耐基的引荐下，希尔遍访了当时美国最富有的 500 多位杰出人物，对他们的成功之道进行了长期研究，终于在 1928 年完成并出版了专著《成功定律》一书。从 1908 年发愿到 1928 年如愿以偿，正好是20年。《成功定律》这本书震动了全世界，曾激发了千千万万人发财或成名。6年以后，希尔做了罗斯福总统的顾问。与此同时，他又开始撰写《思考致富》，这本书于1937年出版。随后，他又将《成功定律》与《思考致富》两本书加以总结，得出成功学领域著名的十七个成功定律，明确的目标正是这17个成功定律之一。而将目标变为现实的步骤是希尔亲身经历所得。

2. 努力地改变自己的状态

列夫·托尔斯泰说："大多数人想改造这个世界，但却极少有人想改造自己。"

人是社会系统的一员，是人类社会这个大结构中的一个要素。人的位置取决于人与社会的关系，这种关系又决定于人所处的状态，与周围系统交换物质、能量、信息的方式和量。人有很多状态，不同的状态带来不同的效果和不同的结果，同时也就决定了你与世界、社会的关系，即确定了你的位置。

状态主要表现为生理状态、心理状态和行为状态。当你调整状态改变自己时，你与世界交换的物质、能量、信息必然发生变化，与世界的关系就变了，你在社会生活中的位置就已经发生了变化。同时社会系统也必然要做出反应以适应新的关系——你的改变。世界，就这样被"改变"了。

比如你在生活中经常愁眉苦脸，这一定代表了你现在的位置和与世界的某种既定关系。如果你开始调整表情，诸事面带微笑，进行了这个调整之后，与世界、社会交换的信息就改变了，你和周边的人际关系就发生了变化。微笑使你在社会中增加人缘和机会，这些机会必然使得你在社会中的位置发生变化，你会感到：世界变了！

“爱产生爱，恨产生恨，这句话大致是不会错的。”雨果的不朽名著《悲惨世界》里那个主人公冉阿·让，本是一个勤劳、正直、善良的人，但穷困潦倒，度日艰难。为了不让家人挨饿，迫于无奈，他偷了一个面包，被当场抓获，判定为“贼”，锒铛入狱。出狱后，到处找不到工作，饱受世俗的冷落与耻笑。从此，他真的成了一个贼，顺手牵羊，偷鸡摸狗。

警察一直都在追踪他，想方设法要拿到他犯罪的证据，把他再次送进监狱。他却一次又一次躲脱了。在一个大风雪的夜晚，他饥寒交迫，昏倒在路上，被一个神父救起。神父把他带回教堂给吃还给住，但他在神父睡着后，却把神父房间里的所有银器席卷一空，因为他已认定自己是坏人，就应该干坏事。不想在逃跑途中被警察逮个正着，这次可谓人赃俱获。当警察押着冉阿·让到教堂，让神父认定失窃物品时，冉阿·让绝望地想：“完了，这一辈子只能在监狱里度过了！”谁知神父却温和地对警察说：“这些银器是我送给他的。他走得太急，还有一件更名贵的银烛台也忘了拿，我这就去取来！”冉阿·让的心灵受到了巨大的震撼。警察走后，神父对冉阿·让说：“过去的就让它过去，重新开始吧！”从此，冉阿·让决心洗心革面，重新做人：他搬到一个新地方，努力工作，积极上进。后来，他成功了，毕生都在救济穷人，做对社会有益的事情。这说明，你用什么样的心态对待别人，别人就会用什么样的心态来对待你。同样你用什么样的心态对待生活，生活就怎样对待你。

《周易》说“穷则变，变则通，通则久”。这里的“变”，正是指自己“变”——调整自己的状态（心态、生态、形态）。改变自己，实质就是改变自己对世界的看法。改变世界，实质就是改变世界对自己的评价。

转换观念的重要性

如果你安于现状，奋斗的激情就会渐渐失去。只有那些不满足现状的人，才能成为富翁，才能成为真正的成功者。

1. 富翁与渔夫的生活观

在一个天气晴朗、风和日丽的下午，一位富翁到海边度假。他决定拍摄一些海上的景色，于是咔嚓咔嚓地拍了起来。拍摄声吵醒了一位正在睡觉的渔夫，渔夫抱怨富翁破坏了他的好觉。富翁说，今天天气这么好，正是捕鱼的好天气，你怎么在这睡大觉呢？渔夫说，我给自己定的目标是每天捕 20 斤鱼，平时要撒网 5 次，今天天气好，我只撒网 2 次，任务就全部完成了，所以没事睡睡午觉。富翁说：“那你为什么不趁机多撒几次网，捕更多的鱼呢？”“那又有什么用呢？”渔夫不解地问。富翁得意地说：“那样你就可以在不久的将来买一艘大船。”“那又怎样呢？”“你可以雇人到深海去捕更多的鱼。”“然后呢？”“你可以办一个鱼产品加工厂。”“然后呢？”“你可以买更多的船，捕更多的鱼，把加工后的鱼卖到世界各地。”“然后呢？”“那你就可以做大老板，再也不用捕鱼了。”“那我干什么呢？”“你就可以在沙滩上晒晒太阳，睡睡觉了。”渔夫说：“那我现在不就在睡觉晒太阳吗？”

不满足现状的人才能产生拼搏的激情，现在很多人都很欣赏渔夫的这种怡然自得地晒太阳的生活方式，但他这种晒太阳是一种低层次的，与富翁的晒太阳是两种截然不同的生活质量。如果人们像渔夫那样天天晒太阳，社会就无法进步，人类文明就无法发展到今天的辉煌。

2. 改变思维方向

一个老人走进一家银行，来到信贷部坐下来。他身着豪华西装、高级皮鞋，还有领带和金领带夹。

“想借1美元。”

“什么，1美元？”

“对啊，可以吗？”

“当然可以，只要有抵押，再多些也无妨的。”

老人打开豪华皮包，拿出一堆股票、债券等，放在经理的桌上。

“总共值50多万美元，够了吧？”

“当然！当然！不过，你真的只借1美元吗？”

“是的，就1美元。”

“那么年息为6%，只要您按时付出利息，到期我们就退给您抵押品。”

老人办完手续，拿了借来的1美元准备离开银行。经理想不透老人为何来银行借1美元，于是他追上前去问个究竟。老人笑道："来贵行前，我问过好几家金库，他们保险箱的租金都很昂贵。所以啊，我就在贵行寄存这些证券，租金实在太便宜了，一年才6美分……"

所有"正常思维"的人，都会受同种矛盾的限制：既然目的是寄存，但希望省钱，只能一家一家去询问以比较租金高低；然而也自然有共同的担忧，那就是寄存物品的保险系数，往往和租金的高低成正比……唯独这位老人跨越了"正常"这条线，改变思维方向，用"反常"的方法达到了"正常"的目的，而且将"租金"减到了几乎等于零。

只要方向确定了就有千百种方法可以达到目标，而方法就在你我的创意之中。

第六章

走出低谷：要不断地给自己充电

人要想丰富自己的知识与素养，首先必须有“充电”的意识。如果你不学习，不“充电”，那么你很快就会落伍。只有随时充实自己，奠定雄厚的实力，才不会被社会所淘汰。因此，无论在何时何地，人都不要忘记给自己“充充电”。

敢于放弃，敢于舍得

1. 有舍才有得

《福布斯》中国富豪榜排名第一位、个人资产总计达到83亿元的希望集团刘氏兄弟在最初创业时，个个都不缺乏野心和雄心，与一般的创业者不同，刘氏兄弟一开始就悟透了“舍得”二字。

刘氏四兄弟：刘永言、刘永行、刘永美、刘永好，本来都在国家企事业单位，都有一份好工作。老大刘永言在成都906计算机所工作，老二刘永行从事电子设备的设计维修，老三刘永美在县农业局当干部，最小的兄弟刘永好在省机械工业管理干部学校任教。他们没有像大多数有条件的创业者那样脚踏两只船，随时做着创业失败后洗脚上岸的准备。他们将自己置之死地而后生，所以能够勇往直前，从孵小鸡、养鹌鹑开始，根据实际情况随时扩张创业项目，一直发展到搞饲料、搞电子、房地产、金融和资本运作，多角经营，多管齐下，终成大业。

尤为难能可贵的是，刘氏兄弟在家族企业做大以后，当兄弟之间在企业发展方向上意见相左时，能够平稳地进行产权分割，完成和平过渡，没有伤到企业元气，给企业留下了进一步做大的空间。类似刘氏兄弟这样能够如此平稳地解决家族企业产权问题，在中国家族企业中是不多见的。刘氏兄弟的第一桶金是孵小鸡所得1万元，时间是两个月，投入之小以今天的眼光看基本上可以忽略不计。

刘氏四兄弟在当时都有着很好的工作，如果他们满足于这些而不敢舍得，那恐怕就没有今天的中国首富了。

“舍得”“舍得”，有舍才有得。没有勇气舍掉的人，是难以得到的。舍掉的勇气与得到的成功是成正比例关系的。

如果你希望自己创业，就不要过多犹豫，因为那样会消耗你的锐气，迟缓你的思维，最后什么事都会不了了之。

2. 江苏首富的舍得之举

普通的穿着，平缓的语速，腼腆而谦逊，让人很难将今年刚满 40 岁的祝义才与“亿万富豪”联系在一起。然而，正是这位相貌极为普通的平常人，是江苏雨润食品产业集团董事长。该集团是内地最大的低温肉制品生产商，2003 年销售额达 62 亿元，年产 25 万吨肉制品。在 2004 福布斯富豪榜和胡润富豪榜上，祝义才都名列江苏首富。

跳出农门：半工半读念完大学

祝义才出生于安徽桐城一户贫苦农家。对这户从严重自然灾害中熬过来的穷人家来说，“义才”两个字中寄托了无尽的慰藉和希望，“义”是家族排序，而“才”则是既有学识又有财富之意。

祝义才果然不负家人厚望，靠读书冲出了人生的第一步，考上了合肥理工大学。由于家庭生活困难，自立的祝义才是靠半工半读上完学的。回忆起这段日子，他说：“直到 1990 年之前，我经手最多的钱是每月 30 元的生活费。那时我更明确的金钱概念

在两位数以内。”

下海“摸鱼”：全部家当200元

大学毕业后，祝义才被分到安徽省交通厅属下的海运公司。一个穷人家的孩子跳出“农门”，吃起了“皇粮”，这放在绝大多数人身上都会心满意足。然而，祝义才注定是个例外，“这样整天坐在办公室逐渐老去我觉得很可怕……”1990年，不安分的祝义才工作了一年多，就“跳下了海”。这一跳，便跳出了14年后坐拥数十亿元资产的商界大亨。

祝义才不止一次谈及他的财富观，即敢于放弃。所谓有“舍”才有“得”；而这次舍“皇粮”而“下海”，最终赢得亿万财富，这或许可以看作祝义才第一次“舍得”之举。

聚沙成塔：贩虾蟹赚到几百万

经朋友指点，他看中了当时利润很大的水产生意——贩卖虾蟹做出口贸易。一波三折后总算顺当，祝义才租了一辆三轮车用来送货，将从水产摊上赊来的货一车一车送到贸易公司。为使货保鲜，车上装满冰块，而他自己就坐在满是冰块的车上，冻得腿脚发麻……辛苦了半个多月，订单完成，祝义才仔仔细细地对自己的第一笔生意做了一下结算，结果令他大吃一惊：赚了10万元！

好景由此开始，财富聚沙成塔，他又接连拿到几家大公司的订单，当年销售额达到9000多万元，净赚了480万元！

上岸“做肉”：冷门行业挖掘商机

从200元到480万元，“皇粮”与百万财富的一“舍”一“得”，给祝义才的震撼与影响是不可估量的，而他的“野心”

绝不仅仅到此为止。虽然他靠水产起家，但这行还是没能留住他。1992 年，祝义才怀揣着在合肥做水产生意赚下的 200 万元，到南京来闯天下。在雨花台区的沙洲，他租下一个小厂房，创立了雨润公司。

在成立雨润肉食品公司时，祝义才放弃了眼前的小机遇，没有上马市场红火但竞争也激烈的高温火腿肠项目，而是瞄准宾馆的高档西式低温肉制品市场，在当时，内地尚没有进行工业化生产的西式低温肉制品，可以说，根本就没有竞争。于是，他一炮打响，销售额逐年翻番。

目标：成为全球前几位的品牌

1996 年，祝义才又先人一步，开始参与国企的改革改制，在内地先后重组了 30 多家国有企业。现在雨润已成为以食品业为主，下属 59 家分公司的大集团，公司员工由 10 年前的 60 人增加到 2.3 万人，总资产由 300 万元增加到 53.6 亿元，销售额从创建时的 600 万元发展到 2003 年的 62 亿元，2004 年超过 80 亿元。

祝义才没有因此而满足，他心中有更远大的目标，那就是经过 10 年、20 年甚至是 50 年的努力，将雨润打造成一个国际化企业、全球前几位的品牌。为此，他已将眼光投向国外，正在印尼、东南亚、中亚、俄罗斯等国家和地区洽谈建厂，准备将雨润的产品销往海外市场。

知识改变命运

《成功始于方法》一书的作者美国人乔治·韦尔曼说："绝大多数人之所以不能成功，不是因为自己的目标出了问题，而是因为找不到最有效的方法。一种方法不但能拯救一个人的命运，而且能改变千万人的人生之路。"美国专业图书首席评论员费洛姆·兰克说："如果方法上不明不白，那将永远走不出生存的荆棘路。"如果你掌握了发掘自我认知智能；提升语言智能、开发创新智能的方法，你便拿到了开启智慧之门的金钥匙，便能够充分挖掘自身潜能，激发学习兴趣，增强对学习定义的理解，获得快乐的学习经历，将"学海无涯苦作舟"，变为"学海无涯乐作舟"，将枯燥无味的学习，变成巨大的精神享受。当你在尽情享受学习带来的无尽快乐的同时，还能获得做人的自尊与自信，走上成功的人生之路。

1. 人生需要不停地学习

人要使自己的气质高贵，首先必须要掌握渊博的知识；而要拥有渊博的知识，就需要长期努力的学习。

如果说，最初的人类学习是生存的一种需要，那么，现代的人类学习则是人类发展的动力。在现代社会里，学习已成为人生的伴侣，成为提高人们思想境界和生活质量的必由之路。凡是善于学习、自觉学习的人，往往因有知识有才华，气质显得高贵；而那些不愿学习，不善于学习的人，则因他们的无知而毫无气质可言。如今，学习能力已成为衡量现代人水准的标志之一，学习不仅是学生的事，而且已成为当代每一个人求生存求发展的重要途径。

拥有全国政协委员、全国民营企业家杰出代表头衔的刘汉元，四川眉山市人，通威集团总裁。他经过 18 年的创业，使一个企业成了国内最大的水产饲料及主要畜禽饲料的生产商。他所在的集团拥有 4000 名员工，正在向世界水产业霸主地位前行。2002 年，他被《财富》杂志认定为全球 40 岁以下最成功的商人——在亚洲仅有 13 人获此殊荣。作为一个如此规模企业的老板，刘汉元的时间是非常紧张的，他的办公桌上总是摆满各种各样留给他批阅的商务文件。然而，不管再忙，哪怕身处天涯海角，每月月底他都要飞到北京大学光华管理学院参加 EMBA 班的学习，这是专门为在职的老板举办的学习班。

那些大老板尚且如此，我们这些凡人又有何不能呢？“充电”已成为一个时代的名词，想在 35 岁以前成功的人，就不断地学习吧。

2. 努力获得本专业之外的广博知识

培根说过“知识就是力量”，但知识本身并不能成为力量，所以，人只有灵活地掌握知识的实际运用，使知识内化为主体素质，内化为主体的学识和能力，才能显示出无穷的力量，高贵的气质和人格力量才能体现出来。

如果你想取得事业上的巨大成就，就应当努力地与自己毫无关系的行业内的人员接触，并学习其他行业的知识。只固守在自己的同行之中，无法建立多层面的工作关系。虽然你具备了完整的专业知识，但在这复杂的社会中，只具备自己工作领域中的知识是不够的，这样并不能成为一个完全的事业有成者。

若一点儿也不了解其他行业人的想法与行动，就无法达到自我成长的目的。

日本的综合性贸易公司之所以能在世界上独占鳌头，就是因为这些综合性贸易公司的负责人明白，一个公司不只是销售产品，更重要的是知识的供应。由于他们能够提供多元化的知识与商品，所以能够发挥出独特的效果，吸引更多的顾客上门。

除了自己的本行之外，交往的对象更必须扩及其他各行各业的职业高手，以增加自己在事业发展方面的知识及关系。

3. 创业者要有与时俱进的学习能力

很多人创业不成功就是因为他们太自负，不能从成功人士那里学到一些优点，听不进好的建议。很多创业者没有经验，没有经验不可怕，问题是你不能没有谦虚、开放学习的心态而让你不能与时俱进。很多创业者会陷入一个死循环，他们通常认为自己看得准，才是出手的前提；积累的经验越多，才能越看越准。但你没经验，又怎么可能看准？

解决这个问题有办法，时机不成熟，就不创业，先给别人打工。把公司让我做的事情做好，提高自己的能力，逐步就知道创业的方向了。年轻人刚毕业还是应该在公司里踏踏实实干五六年，虽然是打工，实际上是公司在给你“缴”学费。你通过在不同的平台工作来积累经验，这是任何老板剥夺不走的，只有积累经验，你的创业能力才会提高，创业才更有把握。另外，在工作时，不要老是觉得自己是在打工，要一直认为自己是在创业，因为你是在积累自己的能力，积累自己的资源。客观上，只要你保持一种创业的心态，把企业的文化理解为创业的文化，你就会取得很好的业绩。保持良好的心态，这是你创业成功的前提。

人要不断地给自己充电

当前是一个信息爆炸、知识飞快更新的时代，当代人必须适应这种日新月异的变化，在日常工作中，许多环节都需要运用新知识、新信息，才能更有实效地完成任务。因此，人必须时刻走在时代前列，耳聪目明，博闻强记，不断充实自己，要通过学习各种知识武装自己的头脑，做到“养兵千日，用兵一时”。

人要想丰富自己的知识与素养，首先必须有“充电”的意识。如果你不学习，不“充电”，那么你很快就会落伍。只有随时充实自己，奠定雄厚的实力，才不会被社会所淘汰。因此，无论在何时何地，人都不要忘记给自己“充充电”。

1. 学习改变命运

原惠普女强人 CEO 卡莉在谈到学习时强调：“不断学习是一个 CEO 成功的最基本要素。这里说的不断学习，是在工作中不断总结过去的经验，不断适应新的环境和新的变化，不断体会更好的工作方法和效率。我在刚开始工作的时候，也做过一些不起

眼的工作，但我还是从自己的兴趣出发，找最合适的岗位。因为，只有我的工作与我的兴趣相吻合，我才能最大限度地在工作中学习新的知识和经验。在惠普，不只是我需要不断学习，整个公司都有鼓励员工学习的机制，每过一段时间，大家就会坐在一起，相互交流，了解对方和整个公司的动态，了解业界新的动向。这些小事情，能保证大家步伐紧跟时代、在工作中不断自我更新。”这也许就是 CEO 成功的秘诀。

“学而不思则罔，思而不学则殆。”这是大教育家孔子强调干劲及学习的境界。在孔子的众多弟子中，并非每一位都充满干劲，都勤奋好学。例如宰予，虽然有一副绝好的口才，却怠于学习。对于宰予，孔子也不禁摇头叹道：“朽木不可雕也。”再多的责骂，这种人也是难改其性，可以说这种人是不可救药之徒，终将被社会所淘汰。然而书本的知识只是基础，还必须汲取除书本以外多方面的“营养”才能铸就博学多才。社会是一本大书，需要经常不断地翻阅、学习、潜移默化。须知，在现代社会中，不充电就会很快没电。

同样环境、同样时间、同样条件的业余时间里，两个文化程度相同的人，经过若干年之后，一个人通过业余学习，可能成为具有某个方面专长的学者，另外一个人不愿学习，就可能成为庸者。这就是差距。差距是如何产生的？那个取得了成就的人每天都在自己的时间里抽出部分进行学习，这些时间都是他从家庭时间里抽出来的。他把这些时间当成属于自己学习的私人时间，用于为自己的事业做铺垫。

2. 坚持好问的态度

很多成功者之所以成功，都是因为他们勤学好问。从伽利略到爱迪生，他们都是从好问中得到成功的。

引起伽利略观察而造成最大的发现的，并不是一个什么惊人炫目的东西，而是一件小而简单的物件。许多人都看见过，而并未多加注意的小东西——灯，伽利略看后就在内心产生疑问，从而有了最大的发现。

17 岁那年，有一天他走进当地一个天主教堂。他正若有所思地环视四周时，忽然抬头望见礼拜堂天花板上长链悬挂着的灯；这时，一种很难解释的事情发生了。他忘记了礼拜堂，忘记了做礼拜的人，望着这些摇摆的灯，脑中涌现一种感想——这些灯的振动，或许长摆和短摆不是同时发生的吧。于是他默数自己的脉搏，以实验他的这种臆测，因为在那时候脉搏是他唯一所带来的测量物……他实验出来了，所有振摆不管其振幅大小，周期总是一定的。

提出疑问是有代价的，但是，假使你问了没有结果又如何呢？如果你不断地问，问得足够多时，最后，便会引导你问到一个最要紧的问题上去。如果你从来不问，便看不到问题，如果从来没有见过问题，当然就不能尝试努力解答。每一个发明都是问题的答案。

爱迪生的一生中从没有停止过问“为什么”。他虽然没有将自己所问的问题都求出答案来，然而他所得出来的答案却多得惊人。例如，有一天他在路上碰见一个朋友，看见他手指关节

肿了。

“为什么会肿呢？”爱迪生问。

“我还不晓得确切的原因是什么。”

“为什么你不晓得？医生晓得吗？”

“每个医生说的都不同，不过多半医生以为是痛风症。”

“什么是痛风症呢？”

“他们告诉我说，这是尿酸积淤在骨节里。”

“既然如此，他们为什么不从你骨节中取出尿酸来呢？”

“他们不晓得如何取。”病者回答。

“为什么他们会不晓得如何取呢？”爱迪生生气地问着。

“因为尿酸是不能溶解的。”

“我不相信！”这位世界闻名的科学家回答着。

爱迪生回到实验室里，立刻开始实验，看尿酸到底能不能溶解，他排好一列试管，每个管内部灌入四分之一管不同的化学液体。每种液体中都放入数颗尿酸结晶。两天之后，他看见有两种液体中的尿酸结晶已经溶化。于是，这位发明家有了新的发现问世，这个发现也很快地传播出去，现在这两种液体中的一种在医治痛风症中普遍被采用。

一个时时产生疑问的人，可以从好多方面，以一种不惊动别人的方法得到知识。许多人讨厌问别人，不喜欢承认别人比他们懂得多，这是一种极愚昧的自傲心理作祟。假使你请教他人时是以一种早已晓得的态度，那你最好不问，无论你所请教的人如何卑微，你的发问态度都必须诚恳，要有一种真正想知道的态度。想从别人身上得到知识的唯一秘诀，就在于你能使别人感觉到你确实承认和敬佩他们高深的知识。这种诚意的敬重便能打开别人如泉涌般的心门，而你也能得到利益。

每天淘汰你自己

在很多年前，有一群熊欢乐地生活在一片树木茂密、食物充足的森林里，它们在这里繁衍子孙，同其他动物友好相处。后来有一天，地球上发生了巨大变化，这片森林被雷电焚烧，各种动物四散奔逃，熊的生命也受到威胁。其中一部分熊提议说："我们北上吧，在那里我们没有天敌，可以使我们发展得更强大。"另一部分则反对："那里太冷了，如果到了那里，只怕我们大家都要被冻死、饿死。还不如去找一个温暖的地方好好生存，可供我们吃的食物也很多，我们也会很容易生存下来。"争论了半天，谁也说服不了谁，结果，一部分熊去了北极边缘地带生活，另一部分则去了一个四季温暖、草木繁茂的盆地居住下来。

到了北极边缘地带的熊，由于气候寒冷，它们逐渐学会了在冰冷的海水中游泳，还学会了潜入水下捕食鱼虾，甚至敢于与比自己体积还大的海豹搏斗……长期下来，它们的身体比以前更大更重，性格更凶猛。这就是我们现在看到的北极熊。

另一部分熊到了盆地之后才发现，这里的肉食动物太多了，自己身体笨重，根本无法和别的肉食动物竞争，便决定不吃肉，改为吃草。没想到这里食草的动物更多，竞争更激烈。草也吃不成了，只好改吃别的动物都不吃的东西——竹子，这才得以生存下来。渐渐地它们把竹子作为自己唯一的食物来源。由于没有其他动物和它们争抢食物，它们变得好吃懒动，体态臃肿不堪，就演化成了我们现在看到的大熊猫。但后来竹林越来越少，大熊猫的数量也越来越少，几乎濒临灭绝，只能被关在动物园里，靠人类的帮助才能生存。

熊的遭遇如此，每个人的职业发展又何尝不是这样呢？在机遇面前人人平等。如果自己不主动地去竞争，迟早也会和大熊猫的遭遇一样，被别人排挤，甚至被别人吃掉。就业形势日益严峻，在职场拼杀的人们不敢有一丝懈怠，唯恐“砸”了手中的饭碗。已被划入“老员工”行列的三四十岁的白领们，眼见着学弟学妹们揣着硕士、博士学历，意气风发地加入自己的行列中，不自觉地就会心跳加速、血压上升。然而，这个年龄的人已不像新手们那样无牵挂，他们上有老下有小的，工作压力也越来越大，公事、家事早已压得他们处于亚健康状态。可看着后来者们“虎视眈眈”的样子，原地踏步只能是死路一条。

在某中外合资企业担任网络通信设备销售经理的李强，3 年来一直忙于日常事务，在“干杯”声中翻过了日历。今天，他的下属学历比他高，能力比他强，经验也在数年的商海中获得了积累，羽翼日渐丰满，销售业绩惊人，在公司最近的绩效考评中名列第一，迅速淘汰了他这位上司，留给他的是岁月的蹉跎和时光的惋惜。

“每天淘汰你自己”，这是我们应告诫自己的一句话。事实上，我们所处的生存空间正在被无限压缩。历史的脚步迈入 21 世纪，人们却惊讶地发现，相当多的人每周工作时间在延伸，甚至超过了 72 小时。有不少人被市场无情地淘汰，而那些每周工作时间在不断延伸的人们却是愈加发奋、苦苦地“提升”自我。假如你不淘汰自己，可能就会被别人淘汰。

毕业于哈佛大学的美国哲学家詹姆斯说：“你应该每一两天做一些你不想做的事。”这是一个永恒不灭的真理，是人生进步的基础和上进的阶梯。有一句名言与这个观点相同：“容易走的都是下坡路。”辩证法里量变质变定律也讲，量变积累到一定程度就会发生质变。所以不要奢望个人的进步能够立竿见影，只要每天进步一点点就行了。能让自己进步的方法很多，“每天做点困难的事”，就是“逼”自己进步的办法之一。如果你是一位营销人员，但是当众演讲又是你最发怵的事情，那你就每天“逼”自己对着镜子练习讲话；如果你是一位公关人员，但是你恰巧又是一个内向的人，那你就每天“逼”自己主动与主要的业务伙伴联系，或是打电话，或是发 E-mail，或是相约见面；如果你从中学就讨厌学外语，可是你要想获得在职硕士学位，就不得不硬着头皮，每天“逼”自己练习听力、复习语法，再一口气做完一套模拟试题……

专注地做好每件事

1. 专注做事的人——马化腾

眼下，一个 34 岁的中国人在世界和中国经济界可谓抢尽风头：在 2004 年年底，他被美国《时代周刊》和有线新闻网评为

2004年全球最具影响力的25名商界领袖之一，荣膺香港理工大学第四届紫荆花杯杰出企业家奖，捧走“2004CCTV中国经济年度人物新锐奖”奖杯。

这个人就是马化腾。这个名字你可能有些陌生，但对互联网上那只戴着红领巾的小企鹅QQ形象，你一定非常熟悉了。它改变了数亿人的沟通习惯，创造了一种网络时代的文化，引领出了一种新的盈利模式。QQ的孕育者就是马化腾。

马化腾的成功，有人总结原因说是运气太好。而马化腾总结说，是对QQ的专注成就了今天的自己。

“他是一个专注的人”，几乎所有的业内伙伴提到这位才34岁的老板，都会用“专注”这个词。5年来，腾讯都在做而且只做完善和规范QQ服务的工作，是国内唯一专注从事网络即时通信的公司。

马化腾每天大部分时间都在网上，他上网只有一个目的，在互联网的犄角旮旯里发掘新的商机。

QQ秀就是他在网上觅到的一块肥肉。偶然一次，马化腾发现韩国推出了一种给虚拟形象穿衣服的服务，马化腾觉得这个很有意思，就干脆东施效颦，把韩国的那套东西学过来，搬到了QQ上推广尝试。他同时找一些著名的手机和服装公司，如诺基亚和耐克等国际知名公司，让他们把自己最新款的产品通过QQ秀用户来下载。QQ秀有这些公司提供服饰设计、手机等多种产品，很快风靡了Q族的世界，而腾讯没有为QQ秀的服装、饰品花费任何“银子”。马化腾说，这一块业务的增长目前很快，已有超过40%的用户尝试了购买。马化腾盘算，如果每个用户愿意花 1~2 元的话，仅 QQ 秀收入就不敢想象。马化腾那独到的眼光又一次为腾讯挣到了钱，2004 年前三季度，腾讯盈利达到数亿元。

马化腾成功的法则其实很简单：专注地做好一件事，无论它是大还是小，都用心去做。你总会打开成功的门闩。

2. 专注做事就会与众不同

专注于某一件事情，尽力把它做到无可挑剔，总会有不寻常的收获，你可能更容易获得成功。

袁隆平，中国农业科学家，中国工程院院士。他率先在世界上突破传统理论禁区，培育成功杂交水稻，在国际上被誉为“杂交水稻之父”。2001 年获“国家最高科学技术奖”。

少年时的袁隆平，对大自然充满了热爱，从小就立志当一名农艺师。从农学院毕业后，他开始了育种研究。然而，使袁隆平铁下心来搞杂交水稻研究的却是 1960—1962 年中国连续 3 年遭受罕见的自然灾害，粮食几乎是颗粒无收，无数农民被活活饿死。袁隆平感到了一种深沉的责任感，他立下志愿：我一定要想办法让农民多打粮，摆脱饥饿！

确定了志向之后，就是选择突破口。他最初拜倒于米丘林、李森科的门派之下，但是经过实验和思考后，他觉得他们的理论太空洞、太教条。于是，在一位老前辈的启发下，他开始对孟德尔的杂交优势理论产生了浓厚的兴趣。

袁隆平下定决心，“改变方向，搞水稻杂交优势利用研究”。这是一个世界性的课题，许多国家都在研究，但是均未能

达到水稻杂交优势的目的。他认真地翻阅前人实验的各种记载，确定了自己的研究思路。

第一步，找到雄性不育株，即母禾。

第二步，找到一种特殊水稻品种作父本，即保持系；用父本给母禾授粉，使其后代保持雄性不育特征，即不育系。

第三步，选择一个稻种与不育系杂交，使其后代恢复生育能力，叫恢复系。三系配套，便可制种。

在目标确定后，袁隆平开始了长达10余年日复一日的辛勤劳作。为了找到一株雄性不育株，他独自在田野里寻了半个月；为了寻找远缘品种，他与助手远上天涯海角，每天在野外奔走；得到了不育株，又需要授粉、浇水、观察，精心照料，忙碌半天有时只能获得几颗种子。在短短6年多的时间里，他就尝试了2000多个栽培稻品种的杂交实验，经历了一次又一次的失败。

“文革”期间，他虽然没有蹲“牛棚”，但是也没有摆脱挨批斗的厄运。一次，他从家里返回学校，发现实验田里的秧苗一根不剩地被人拔走了。面对这突如其来的沉重打击，他丝毫也不灰心，反而加强了他把实验搞好的愿望。为了育种，10年中只在家中过了3个春节，而最遗憾的是，父亲死前也没能和他见上一面。

天道酬勤，在其他农业研究机构和同志们的协助下，我国籼型杂交水稻终于研究成功！这一品种在短短的几年内，为国家增产粮食2120公斤。它作为我国第一项出口技术转让给美国，比当地的良种增产37%；日本、阿根廷、巴西、印度等国相继引进实验，增产都在20%以上。袁隆平成为人类绿色革命的使者。

细节中隐藏着成功的机会

世界上最难遵循的规则是度，度源于素养，而素养则来自日常生活一点一滴的细节的积累，这种积累是一种功夫。

尼克松曾说：伟大乃处处注意细节的积累。要认识到，细节体现了一个人的能力、素质和精神，每个细节的成功才是事业的成功。相反，许多事情的失败，也往往是在细节上没有尽力造成的。我国前些年澳星发射失败就是细节问题：在配电器上多了一块 0.15 毫米的铝质物，正是这一点点铝质物导致澳星爆炸。拿破仑说过：从成功到灾难，只有一步之差，在每一次危机中一些细节往往决定全局。

1. 注意细节

有位医学院的教授，在上课的第一天对他的学生说：“当医生，最要紧的就是胆大心细！”说完，便将一只手指伸进桌子上一只盛满尿液的杯子里，接着再把手指放进自己的嘴中，随后教授将那只杯子递给学生，让这些学生学着他的样子做。看着每个学生都把手指探入杯中，然后再塞进嘴里，忍着呕吐的狼狈样子，他微微笑了笑说：“不错，不错，你们每个人都够胆大的。”紧接着教授又难过起来：“只可惜你们看得不够心细，没有注意我探入尿杯的是食指，放进嘴里的却是中指啊！”

教授这样做的本意是教育学生在科研与工作中都要注意细节。相信尝过尿液的学生终生能够记住这次“教训”。

在南方一个有名的旅游区，有一群摩托车在等客。仔细观察，发现有一辆车与众不同，开车的人在摩托车坐垫上铺着一条半湿的毛巾，每有客来，他揭开毛巾让客人乘坐。显然，在如此炎热的天气里，铺半湿毛巾的生意会最好。确实，前来乘车的客人打量车子，往往最先挑选铺半湿毛巾的车欣然乘坐。注重细节，以人为本，这也是生财之道啊！

在一家大型商场，每次让顾客投票选优秀店员时，有一位收银员总会名列榜首。原因当然是她彬彬有礼，热情待客，更重要的是，她有一个深受顾客欢迎的好习惯——每次找钱给顾客，她总会在抽屉里拿出最新的钞票。

2. 把握细节中的机会

海尔总裁张瑞敏说：什么是不简单？把每一件简单的事做好就是不简单；什么是不平凡？能把每一件平凡的事做好就是不平凡。在海尔厂区上下班时工人走路全部靠右边走，没有其他企业员工潮进潮出的现象，完全按交通规则，这就是不简单。难吗？不难，行人靠右走这是小学生都懂的规则，可很多企业没做到，海尔却做到了。这就是素质，海尔人的素质，在小小的走路这一细节上就体现出来了！

细节，因其格外细小而常常被人忽略，但这绝不意味着细节无关紧要。大量的事实表明，能否充分重视生活中的细节，直接关系到人生的质量，正是配电器上多了一块 0.15 毫米的铝物质，导致造价几亿元的澳星没有升空就发生了爆炸；正是一进门即套上一次性鞋套、随身携带抹布搞好清洁等细节，为海尔赢得了闻名世界的“五星级服务”的口碑。

一个大学生毕业后到深圳求职，在奔波了一个星期后毫无收获，而且糟糕的是在乘公交车时，他的钱包被偷，钱和身份证都没有了。在受冻挨饿了两天后，他决定开始拾垃圾，虽然可能会遭人白眼，但至少能够解决吃饭问题。一天，他正低头拾垃圾时，忽然觉得背后有人注视自己。回头一看，发现有个中年人站在他背后，中年人拿出一张名片：“这家公司正在招聘，你可以去试试。”

在五六十个人同在的大厅里，当他一递上名片，小姐就伸出手来：“恭喜你，你已经被录取了。这是我们总经理的名片，他曾吩咐，有个青年会拿着名片来应聘，只要他来了就成为我们公司的一员！”没有经过任何面试，他进入了这家公司。

“你为什么会选择我？”他问总经理这个问题。“因为我会看相，知道你是栋梁之材。那次我偶然看见你在拾垃圾，就观察了你很久，你每次都把有用的东西拣出来，将剩下的垃圾归类好再放回垃圾箱。当时我就想，如果一个人在这样不利的环境下还能够注意到这种细节，那么无论他是什么学历、什么背景，我都应该给他一个机会。而且，连这种小事都可以做到一丝不苟的人，不可能不成功。”

细节决定人生成败

1. 细节成就了他

一个阴云密布的午后，由于突然而来的大雨，行人们纷纷躲进就近的店铺躲雨。一位老妇也蹒跚地走进费城百货商店躲避。面对她略显狼狈的姿容和简朴的装束，所有的售货员都对她爱搭不理，视而不见。

这时，一个年轻人诚恳地走过来对她说："夫人，我能为您做点什么吗？"老妇人莞尔一笑："不用了。我在这儿躲会儿雨，马上就走。"老妇人随即又心神不定了，不买人家的东西却借用人家的屋檐躲雨，似乎不近情理。于是，她开始在百货店里转起来，哪怕买个头发上的小饰物呢，也使自己的躲雨名正言顺。正当她犹豫徘徊时，那个小伙子又走过来说："夫人，您不必为难，我给您搬了一把椅子，放在门口，您坐着休息就是了。"两小时后，雨过天晴，老妇人向那个年轻人道谢，并向他要了张名片，就颤巍巍地走出了商店。

几个月后，费城百货公司的总经理詹姆斯收到一封信，信中要求将这位年轻人派往苏格兰收取装潢一整座城堡的订单，并让他承包自己家族所属的几个大公司下一季度办公用品的采购订单。詹姆斯惊喜不已，匆匆一算，这一封信所带来的利益，相当于他们公司两年的利润总和！

当他迅速与写信人取得联系后方才知道，这封信出自一位老妇人之手。而这位老妇人，正是美国亿万富翁“钢铁大王”卡内基的母亲。

詹姆斯马上把这位叫菲利的年轻人推荐给公司董事会。毫无疑问，当菲利打起行装飞往苏格兰时，他已经成为这家百货公司的合伙人了。那年，菲利22岁。

随后的几年中，菲利以他一贯的忠实和诚恳，成为“钢铁大王”卡内基的左膀右臂，事业扶摇直上、飞黄腾达，成为美国钢铁行业仅次于卡内基的富可敌国的重量级人物。

这位小伙子成功地得到晋升并发财致富，并不是由于他的才能，而仅仅是能表现他周到服务的一个细节。他之所以能够得到赏识和回报，是因为他积极主动地为人服务，如果他对人态度冷漠，或者强买强卖，或者不允许不买东西的人到他的柜台前，那他可能也就丧失了这样的机会。所以，机会的偶然性中，蕴藏着成功的必然。

“天下大事，必作于细；天下难事，必成于易。”我们每个人的一生中都能遇到很多次帮助别人的机会，但谁能够认真对待这种“小事”而尽力去做了呢？

2. 细节的魅力

“中国人想做大事的人太多，而愿把小事做完美的人太少。”一个做事不追求完美的人，是不可能成功的，而要做事完美，就必须注重细节。我们都很佩服已故总理周恩来的胆识和谋略，但他那种关照小事、成就大事的本领，更值得我们这些凡夫俗子学习和借鉴。

当年，尼克松访华的时候就敏锐地发现，周恩来具有一种罕见的本领，他对琐事非常关心，但又不拘泥于琐事之中。

他提到了在他访华期间周恩来所做的几件令人印象深刻的“小事”：周恩来亲自为乐队挑选了欢迎晚宴上演奏的乐曲。尼克松说：“我相信，他一定事先研究过我的背景情况，因为他选择的许多曲子都是我所喜欢的，包括在我的就职仪式上演奏过的《美丽的阿美利加》。”

在来访第三天晚上，客人被邀请去看乒乓球和其他体育表演。当时天已下雪，而客人预定第二天要去游览长城。周恩来得知这一情况后，离开了一会儿，通知有关部门清扫通往长城路上的积雪。

周恩来做事精细的同时，对工作人员要求严格：他最容不得“大概”“差不多”“可能”“也许”这一类字眼。有一次北京饭店举行涉外宴会，周恩来在宴会前了解饭菜的准备情况，他问：“今晚的点心什么馅？”一位工作人员随口答道：“大概是三鲜馅的吧。”这下可糟了，周恩来追问道：“什么叫大概？究竟是，还是不是？客人中间如果有人对海鲜过敏，出了问题谁负责？”

周恩来正是凭着这种精细的作风，赢得了人们的称赞。

这就是细节的魅力。一位管理学大师说过，现在世界级的竞争，就是细节的竞争。细节影响品质，细节体现品位，细节显示差异，细节决定成败。在这个讲求精细化的时代，细节往往能反映你的专业水准，突出你内在的素质，让我们不妨从小事做起，把小事做精，把细节做亮。

自信带你走出低谷

自信是在你还没有得到之前就相信自己一定能得到的一种信念。不是因为有些事情难以做到我们才失去自信，而是因为我们失去了自信有些事情才显得难以做到；如果我们不相信泥土中可以种出鲜花，我们一定不会去播种、浇水、施肥，那么就真的长不出鲜花了。这是每一个人都明白的。但是在做事情的过程中，我们却时常在暗示自己："我的能力不够吧？""我究竟行不行呢？""对手好像很厉害！"……最后我们往往被自己心中的疑虑所打败！还未开始就输掉了！

从疯狂英语创始人——李阳的成功中，可以给我们一些启迪。

1. 自卑是自信的绊脚石

我们看到的李阳总是充满了激情，在成千上万的人群前张口就喊他的疯狂英语。作为人生激励老师，他常常在高等学府面对莘莘学子从容不迫、侃侃而谈，脸上写满了自信，甚至在春节晚会上也带着他的疯狂英语自信亮相。

其实，李阳并非生来就是英语天才，而且也不是天生就很自信。小时候，李阳害羞、内向，不敢见陌生人，不敢接触电话，不敢去看电影。读初三时，他因为自己成绩不理想而自卑。就连到医院去治疗鼻炎，医生放好电疗工具后离开，不巧设备漏电，他感到钻心的疼，可就是憋着不敢喊，后来脸上留下伤疤……高

三期间，他也几度因失去学习的信心而萌生退学的念头。李阳清楚地记得，对于长大后希望从事的工作自己的愿望是："要做不需要和人打交道的行业。"因此他的父母曾断定他没出息，"长大只有去淘大粪"。

在父母的帮助下，1986年李阳勉强考进了大西北的兰州大学工程力学系。进大学后的李阳，生活没有出现亮色，第一学期期末考试中，李阳名列全年级倒数第一名，英语连续两个学期不及格。大学第二个学期即将结束的时候，李阳已是13门功课不及格。

2. 人的自信心最重要

因为怕羞自卑，李阳跑到兰州大学的烈士亭大喊英语，反正四周没人，读错了也不会被人嘲笑；十几天后，李阳到英语角，别人奇怪地说："李阳，你的英语听上去好多了。"一言惊醒梦中人！李阳想，这样大喊英语也许是学英语的一种好方法。

于是决心以英语为突破口的李阳天天顶着凛冽的大风，天天跑到校园空旷处扯着嗓子大喊英语句子。还想出两个办法督促自己坚持下去：一是告诉很多同学自己要每天坚持学英语、喊英语；另外，邀请班内学习最认真的一位同学陪他一起大喊英语。从1987年冬一直喊到1988年春，4个月的时间，李阳重复了十多本英文原版书，背熟了大量四级考题。李阳的舌头不再僵硬，耳不再失灵，反应不再迟钝。听说能力脱胎换骨！在当年的英语四级考试中，李阳只用了50分钟就答完试卷，并且获得全校第二名的好成绩，考试总是不及格的李阳突然成为一个英语高手，这一消息轰动了兰州大学。

初尝成功的李阳，从此开始迈上奋发进取的人生道路。他发现，自己性格的弱点在大喊的过程中被击碎了，精力更加集中，记忆更加深刻，通过学习英语取得的成功，让他树立起了人生的自信。李阳认为，这是自己人生非常大的一次超越，让他终生难忘。“所以我认为，自信心是最重要的。无论是目前找工作，还是工作后，都会面对更多想象不到的困难，只有自己能有勇气面对才能常胜。”

3. 用行动找回自信

原来怕羞自卑会影响学习成绩，李阳想把自己的体会传授给其他还在苦苦挣扎学英语的同学，内向的李阳做出了一个惊人的决定：他让同学在校园贴满海报说，有个叫李阳的家伙，在学英语方面有些体会，希望与大家一起分享。

海报贴出后，离演讲时间越近李阳越害怕，甚至有点后悔。但他觉得这又是一次打败自己害羞和胆怯的机会，李阳居然给自己出了个绝招。

他给自己的两只耳朵上挂上两只触目惊心的大耳环，让两位同学“押”着他上街。街上的人们都盯着这个“疯狂”的人看，那些目光盯得本来怕羞的李阳更是不敢抬头。他只觉得耳朵阵阵发烫，他想逃跑、想躲藏起来。可是后面押着他的同学把他看管得紧紧地。他只有硬着头皮走下去。渐渐地，他开始闭着眼睛抬起头来，又鼓足勇气睁开眼来看周围的人。后来，他居然可以大胆妄为到盯着那些同样盯着他的人，一直看得别人低下头去为止。

就在那次演讲开始前的一小时，李阳心里依然非常紧张，就这样，他在极度的恐惧中，在同学们的掌声中，跌跌撞撞地上了讲台。他记得当时真是前言不搭后语，但是因为自己的观点特别，比如“热爱丢脸”“学习英语不是脑力劳动而是体力劳动”等，引得不少同学的鼓掌加油。李阳终于胜利了！“正是这些看似游戏的活动，锻炼了我的胆识、锻炼了我的口才、锻炼了我的组织能力。现在不是很多单位要求工作经验吗？我觉得这就是经验。”

4. 从推广疯狂英语到人生激励老师

大学毕业后，李阳被分配到西安的西北电子设备研究所。那个时候李阳已经不怕丢脸、不怕别人异样的目光，在每天上班路上，他总是手里拿着卡片，嘴里念着英语。一年半的时间从没有间断。后来他考入广东人民广播电台英文台，成为广东职业英语主持人，为“疯狂英语”席卷全国奠定了基础。

李阳很快成为广州地区最受欢迎的英文广播员和中国翻译工作者协会最年轻的会员。并得了个外号“万能翻译机”，曾创下过 1 小时 400 美金的口译纪录和每分钟 8000 港元的广告配音员纪录，超过香港同行，成为广州最贵的同声翻译。

当时，全中国有三亿以上的人在为“聋哑英语”而苦恼，为向更多的人推广自己英语成功的经验，1994 年，李阳毅然辞去了电台的工作，组建了“李阳－克立兹国际英语推广工作室”，开始了苦行僧般的“传道”生涯，向成千上万的人推销他的“疯狂英语”。面对数以万计的人群，李阳常常疯狂地带领大家狂喊：“I enjoy losing my face.”（我热爱丢脸。）

在那些场合，李阳总是风度翩翩：深灰色的西装敞开着，露出扣得很工整的白衬衫，领带系得规规矩矩。戴眼镜儿的李阳有种天生的儒雅气质，他的身姿始终是刚劲、挺拔的，他的声音磁性而具有穿透力。不管他是在自嘲、调侃，还是在吹牛，始终有一种强大的自信从他的骨子里透露出来，不由分说地在他的身前身后肆意地铺张着，充满了周边的空间。

李阳说，自信不是天生的，他的自信就是后天培养起来的。自信需要由内而外地做好准备，除了有内涵、有修养，外表也很重要。比如，头发要干净，穿着要得体。10年来，李阳带着那份难得的自信，向全国100余座城市近2000万人送去疯狂英语快速突破法，通过报纸、电视、广播、杂志等渠道，有上亿人从中受到启发，无数人从此走上了英语和人生成功之路！李阳早已不仅仅是疯狂英语的传播人，更是一位受欢迎的人生激励老师。

5. 建立自信的具体步骤

我知道我有能力达到一生中我所确定的主要目标，所以我要求自己坚持下去，继续努力，向要达到的目标之路前进。我现在就保证一定采取这样的行动。

我确知我心里的支配性思想终究会自行表现出来，变成实际的行动，并逐渐化成有形物质的事实。因此我决定每天集中思想30分钟，思考我决意要做什么样的人。从而在我的心目中创造一个清晰的精神形象。

我知道，依靠自我暗示的原则，我心目中一再坚持的任何欲望，最终必定会有办法使其实现。因此，我决意每天用10分钟时间来培养自信心。

我已清楚地写下一篇声明，记录了我一生中所确定的主要目标，我决不停止努力，直到成功。

我充分认识到财富与地位都不可能持久，除非它们建立在真理与正义之上，因此，我决不做出对别人不利的任何行为。我要发挥自己的吸引力，来争取别人的合作；我要以我自己乐于为别人服务的精神，来吸引其他人替我服务。我要以对人类的爱来消除憎恨、忌妒、自私和怀疑，因为我知道对别人持排斥的态度决不能为我带来成功。我要促使别人相信我，因为我相信他们，也相信我自己。我会在这个声明上签上我的名字，将它记在脑海里，每天大声地念一遍。我有充分的信心，将这声明逐渐地影响我的思想和行动，因而我会变成一个自信而成功的人！

第七章

走出低谷：不要给自己留后路

机会总是暗藏在生活的每一个角落，如果你有一双慧眼，你就会发现机会无处不在，但如果你是生活中的粗心人，那么你只能看到生活平静如水的表面。遗憾的是，我们中的大多数人只是在无聊、枯燥地过着一日复一日的生活，大多数人沉陷于人生的低谷而不能自拔，却很难去发现蕴藏在生活之中和人生低谷的机会，偏偏机会又是转瞬即逝的。如果你没有一双识别机会的慧眼或看到机会而没有很好地把握，机会就可能与你擦肩而过。对于一个人来说，无论什么样的机会摆在面前，如果没有行动，就不可能赢得它。

善于创造机遇

机遇确实很重要，因为它能改变人眼下的处境，甚至改变一生的命运。对机遇，可谓人人皆盼之、求之。有种观点说，“机遇可遇而不可求”。其实，平白无故的机遇能“遇”到的不能说没有，就是有恐怕也是微乎其微，毕竟机遇不会无缘无故地降临。机遇的出现，虽然带有一定的偶然性，但又以必然性为基础。如果你有足够的勇气，睿智的脑袋，敏锐的观察力、判断力，机遇就可以被“创造”出来。善于等待机遇、抓住机遇是一种智慧，善于创造机遇更是一种大智慧。

幸运而智慧的女人杨澜，无可争议是当今中国最出色的女性之一。她美丽、聪慧、优雅、知性，才不过 37 岁，就已经实现了许多人一生都无法实现的人生梦想：考上了好大学，找到了好工作，嫁给了好丈夫，生了好儿女，开创了好事业，她是个幸运而智慧的女人。

1.《正大综艺》是杨澜人生中的第一次契机

其实上中学时的杨澜并不是那种聪慧过人的女孩，当然也就不是那种巧解难题的高手，她颇为自诩的是：考试时基本分上她从来一分不丢，地理历史这种需要死记硬背的科目，随便问哪道题，她马上就能说出是在哪一页上。凡是老师布置的作业，她没一样不是完成得仔仔细细。

上了大学之后的杨澜骨子里是一个缺乏自信的人。她曾经因为听力课听不懂而特别沮丧，看到好多同学听力能得A，而自己却总是A–、B+的，这让杨澜非常苦闷，每天晚上都在日记里写上：明天开始我要有一个全新的开始，一定要充满信心地把自己的听力提高。经过半年多的认真努力，杨澜的听力慢慢上来了，她才恢复了信心。她说："我很羡慕周围生活中一些棱角更分明、更有创见和个性的人。""我经常觉得自己不是一个有才华和极端聪明的人。"

决定杨澜命运的一个契机是《正大综艺》全国招聘主持人。许多人还记得1990年，一个清纯自然的长发女孩出现在《正大综艺》中，她清脆悦耳的声音和纯真的学生气息使她备受瞩目，迅速走红，一下子升到了很多人一生都无法企及的高度。当时的杨澜并未意识到这次机遇对她今后人生道路的巨大影响，正是《正大综艺》，把她送上了一个更高的平台，让她获得了全国性的知名度和注意力。

2. 总裁赞助留学是杨澜人生中的第二次契机

1993年年底，正大集团总裁谢国民给了杨澜一个惊喜。"谢国民先生到大陆来，我们一起吃饭，他对我说，杨澜我觉得你应该到国外去学习，我觉得你是一个很有潜力的主持人。我当时没有认真，我开玩笑说，谢先生让我去留学的话，《正大综艺》岂不是没有主持人了？他很认真地回答我说：'我觉得一个节目没有一个人重要。'给我的印象非常深刻：我说谢先生您需要我们怎么回报您呢？是不是回来为您工作？他说没有，你也不是我第一个赞助去留学的年轻人，我希望你有好的前途，这就是你对我的回报。我非常感谢他，他再次改变了我的命运。”这是杨澜遇到的第二次机遇。

3. 与吴征相爱结婚是杨澜人生中的第三次契机

杨澜与吴征的相爱和结婚，是杨澜继主持《正大综艺》，得到谢国民先生资助之后的第三次人生机遇。这一次机遇直接造就了她今日的成功。可以说，没有吴征，就没有今日的杨澜和阳光卫视。

杨澜曾经说过，最难的选择是选择一个老公。出国之前的杨澜已经结婚，但是她的第一次婚姻只维持了一年多：“你需要什么样的男人，什么样的生活，初恋是想不清楚的。”直到她遇到了吴征，这一回，杨澜确定了：吴征正是她需要的人。

自欧美完成学业后，吴征先在美国开设博纳投资公司，商务涉及高科技、媒体、资讯及投资。后与美国华纳唱片公司合资中国电视企业。吴征与杨澜第一次成功的合作应该算是《2000 年那一班》的制作。这部片子是以独立制作人的名义与哥伦比亚电视台合作的，反映美国华人社会的变化。此片的大受好评使杨澜具有了国际知名度，其中吴征功不可没。

在这个时期，杨澜的视野开阔了许多，亲身接触到许多成功的传媒人和先进的传媒理念。她与上海东方电视台联合制作了《杨澜视线》，这是杨澜头一回以独立的眼光看待并介绍周遭世界。杨澜同时担当策划、制片、撰稿和主持，并赢得好几个“第一”：内地的记者中，她第一个进入美国凤凰屋戒毒所深入采访，第一个亲身采访资深外交家、美国前国务卿亨利・基辛格博士……总共40集的《杨澜视线》发行到国内52个省市电视台，杨澜借此实现了从一个娱乐节目主持人向复合型传媒人才的过渡。

4. 凤凰卫视给了杨澜事业腾飞的平台

此后杨澜抓住了自己人生中更好的机会，为自己人生规划的每一步都预留了管线，预留了发展空间。

首先，她以自己的名字命名了《杨澜工作室》，使栏目不再是只属于电视台的品牌资源，杨澜与《杨澜工作室》之间形成了共生共荣的关系，其他栏目可以换主持人，《杨澜工作室》不可以，否则，就不称其为《杨澜工作室》了。

杨澜在凤凰卫视不只是主持人而已，她还是《杨澜工作室》的当家人，是个小管家婆，组里所有的"柴米油盐"都必须精打细算，如果到外地做一个人物采访节目，那事先就得算好路费、住宿费，都要想办法从制作费里挤出来。这种经济上的拮据，对杨澜是一个非常好的锻炼，使她知道如何在最低的经费条件下，把节目尽量完成到什么程度。

1998年1月，正式开播的《杨澜工作室》在两年时间里一共采访了120多位名人，其中包括澳门特首何厚铧、金融巨头乔治·索罗斯、著名学者季羡林、著名华语作家李敖、查良镛、诺贝尔物理学奖得主崔琦等。这些都是时代顶尖人物，与精英同行，杨澜受益良多。

杨澜接触到了大量的社会精英和名流，这些重量级的人物也构成了杨澜人生管道的一部分。不少人在节目之后和杨澜仍保持

密切的联系。这种联系除了给杨澜带来一些具体的帮助之外，精神上的获益也不可忽视。同时，与来自不同行业不同背景的嘉宾交流，也让她的信息量获得极大程度的丰富。节目前的准备工作需要大量的被动阅读，节目进行中一问一答之间需要调动自己的全部知识储备进行智慧的呼吸，使她有机会吸收了解了许多信息和知识。

凤凰卫视的两年让杨澜已经有了质的变化。她拥有了世界级的知名度，多年的传媒工作经验，重量级的名人关系资源，进军商业只欠“资本”二字。而吴征，正是深谙资本运作的高手。

5. 好运连连的传媒名人

从凤凰卫视主持人的位置上退出之后，杨澜一度沉寂，频繁地出现在媒体上的都是她相夫教子的花边新闻。2000 年 3 月，她突然之间收购了良记集团，更名为阳光文化网络电视控股有限公司，成功地借壳上市，雄心勃勃地要打造阳光文化的传媒帝国。与大多数商人的低调不同，杨澜选择了始终站在阳光卫视的前面。在报纸杂志网站上，经常可以看到关于杨澜的报道：杨澜谈家庭，杨澜谈女人，杨澜谈时尚，杨澜谈电视……

杨澜在上海生活，在北京交朋友，在香港做生意。这一回，杨澜的角色有了很大的转变，她从一个传媒做出来的名人变成了一个做传媒的名人。

申奥成功之后的杨澜更加光芒四射，她在陈述中的表现为她提供了更高的事业台阶和更广阔的舞台，人们已经在纷纷议论她从政的潜力了。

培根说："一方面，幸运与偶然性有关——如长相漂亮、机缘凑巧等；但另一方面，人之能否幸运又决定于自身……幸运的机会好像银河，它们作为个体是不显眼的，但作为整体却光辉灿烂。同样，一个人若具备许多细小的优良素质，最终都可能成为带来幸运的机会。"

个人的优良素质是杨澜的幸运之源。从《正大综艺》到《杨澜视线》《杨澜工作室》，她一直用心、努力，从不对现状满足。

接受过杨澜采访的英特尔总裁安迪·格鲁夫曾总结说他来中国有两件事出乎意料，一件就是看到联想第一百万台电脑下了生产线，第二件就是没有想到中国有这么出色的记者。

杨澜在《凭海临风》中写到了乘热气球的经历。热气球的操作员能做的只是调整气球的高度以捕捉不同的风向，而气球的具体航线和落点，就只能听天由命。这正是乘坐热气球的魅力所在——既有控制的可能性，又保留了不确定性，所以比任何精确设定的飞行都来得刺激。

"其实人生的乐趣也是如此，全在这定与不定之间。"杨澜如是说。

给自己创造机会

虽然"天生我材必有用"，每个人都有自己的舞台，但你一定要努力去寻找适合自己发挥的场域，然后在那里全身心投入。如果你只是浑浑噩噩，任人摆布地过生活，找不到自己真正的舞

台，那你在生活中就永远没有位置。

据说亚历山大在一次战斗胜利之后，有人问他，是否等待机会来临再去进攻另一个城市？亚历山大听了这话竟大发雷霆，他说：“机会？机会要靠我们自己创造出来的！”创造机遇正是亚历山大之所以成为亚历山大的原因。

1. 机遇何在

曾经有人对包括比尔·盖茨在内的世界上500位有影响的成功人士进行过研究，发现每个人一生中对人生事业有重大影响的机遇只有六七次，但是，人们往往对第一次都抓不住，因为太年轻；最后一次也抓不住，因为太老了。在剩下的几次中一般又会错过两次，最后只有两三次机会！由此可见，机遇对每个人都是公平的，但是对于渴求成功的人，机遇的质量重于数量。一个成功者，不但要善于选择对自身成长最有效用的机遇，主动放弃那些对成才帮助不大的机会，尽可能使机遇在成才之路上发挥出最大的作用，而且对机遇的到来必须要有敏锐的嗅觉和判断能力。一旦把事情审查清楚，计划周密，就不再怀疑，敢于当机立断、果断行事。这样，当别人对机遇的到来还麻木不仁时，你能捷足先登，抢占先机，这就抓住了机遇，从而大获成功。遗憾的是，现实生活中总有这么一类人，他们做人做事缺乏主见，干什么事情总要依靠别人在旁扶持，哪怕遇到一点小事，也得东奔西走地去和亲友商量。愈商量愈打不定主意，愈东猜西想愈是糊涂，弄得大半生都消耗在犹豫不决之中，最终错失良机，也就失去了成功立业的机会。

也许有人会说，在我的人生中从来没有出现过机遇。其实不是没有，而是机遇到来的时候你没有及时发现它，抓住它，认为那不是什么机遇，结果让它自然而然地从你身边溜走了。

曾经有报道说：1973年3月，非洲国家扎伊尔有一股叛乱的军队借着月色逼近了赞比亚，一场激烈的战斗已经不可避免。日本三菱公司一个采购商获悉这一消息后，及时电传公司总部，大本营立即命令各驻外分公司大量收购铜。此时的伦敦黄金交易所也得到了这一消息，然而并没有引起重视，交易所的铜价依然照旧。过了一段日子，叛军与政府军的拉锯战严重影响了铜矿生产，加之交通受阻，铜运不出来，以致使铜价猛涨，此时，三菱公司便大量地抛售铜，从中赚得一笔巨额利润。从这个事例可以看出，机遇隐藏在一切事物中，有时一句话或一个看似不相关的事情就包含着一个成功的机会！

2. 机遇大多是为那些倒霉的人准备的

毕业前的最后一堂社会心理学课，教授将学生们带到生物实验大楼。

教授说："为了这最后一课，我前前后后准备了一周。请看——"他指着大长桌上的两只玻璃箱，"这是我饲养的白鼠，它们分别喜好栗子和山芋，我每天充足地供应它们，从不耽误。"然后教授将两根粗糙的木棍放进玻璃箱，另一头搭在半空中的篮子上。大家发现：篮子里有各种水果、甜品。

一个学生笑道："我懂了，人生不能小富即安，要不断攀登、进取。"

教授笑着点点头，又说："我的柜子里还有一只白鼠。"他转身将第三只玻璃箱拿出来，里面有一只惊慌失措的白鼠，见光后，四处乱窜，一副失魂落魄的样子。教授将玻璃箱放到桌子上，同样拿一根粗糙的木棍将玻璃箱与水果篮建立联系。

一个学生笑道："我懂了，人生在困厄的时候，才可能寻求突破——这只白鼠饿很久了吧？"

教授笑着点点头，说："这只白鼠饿了整整一周。但是，它没有你们想象的那样聪明，它并不能尽快寻求突破口。"教授转身端了一盆水。

一个女生小声道："别折磨它！"教授没理会，"哗"地将水倒进饿鼠住的玻璃箱。那只饿鼠漂在水上，沿四壁乱蹿，但爬不出去；最后，它发现了木棍，游过去，小心翼翼地爬到半空中，停了下来。有女生轻呼："再上，再上，就有吃的啦！"

教授说："你催它，它不懂。"教授点燃酒精灯，托在手上，移到饿鼠下方。热空气呼地冲上去，饿鼠一颤，猛地向上蹿、爬……在一阵欢呼声中，饿鼠发现了篮子里的食品，开始大吃特吃。

教授说："好了，实验做完了。你们就要走向社会，一部分人会事业有成，生活安定，像这两只吃山芋和栗子的白鼠；另一部分，则可能会遇到困难，一时难以自拔，而痛苦却不断加深，像这第三只白鼠。我不想赞美困难和痛苦，但假如同样面临一个美好的机遇的话，越是不幸的人，越有可能早些发现它。机遇大多是为那些倒霉的人准备的。"

人要走向社会，有可能会遇到困难、失败、迷茫，陷入人生的低谷而难以自拔，面对不断加深的痛苦，你如何去把握，去奋进，去努力，这就是每个人的能力。其实有时同样面临一个美好的机遇的话，越是不幸的人，越是处于低谷的人，越有可能早些发现它。机遇大多是为那些倒霉的人准备的，同时它更需要你自己去创造。

3. 机会要靠自己去创造

燕婷曾向朋友讲到她自己的故事："那是一段特别郁闷的时光，原因是我所在的单位进行人事制度改革。一开始我踌躇满志，希望借此东风能让自己的生活有所改观，渴望着能到工作一线去展现自己的才华。然而，领导却把我放到了行政后勤部门，坐办公室，这可是我参加工作以来最不想去的地方，我非常失落。

"眼看身边的同事和朋友，似乎个个都能如愿以偿地到喜爱的岗位上大显身手，我自谓才干不输他人，却只能待在办公室做些任何人都会做都能做的闲杂琐碎的事情。不知情的人还说我这人图清闲，不愿承受工作压力，申请到办公室来的。那些带着嘲弄的揶揄让我非常压抑。

"做过办公室工作的人都知道，这种工作烦琐细碎，你可以一天忙到晚，累得够呛，却看不到工作的成绩，更出不了什么大的成就。改革之前，办公室的工作由几个人承担，现在人员锐减，所有工作都压到我一个人头上。工作忙和累我都不在乎，我在乎的是希望能有人看到这一切，能从中肯定我的工作能力和成绩，毕竟我以一顶仨，今日事今日毕，工作勤恳而有条不紊。可

是，人们似乎都熟视无睹。难怪离开办公室的一位前辈曾很感慨地对我说：‘办公室的工作累人、烦人，做得好是理所应当，做不好万千的人怪罪，在这里工作有没有成绩也难被人看重。’想想好像真的是这么回事，尤其自己一个年轻人，本应是追求理想、大干事业的时候，却被关在办公室里做些闲杂琐碎的事，而且这一做还不知要做多少年。

“那段时间我的心情真是坏到了极点，直到有天翻看报纸，看见一篇讲灰姑娘的文章。灰姑娘为什么会成为皇后？她那么穷困潦倒，衣着破落。虽然有好心的仙女用法术变了漂亮的衣裙给她，可狠心的后母却千方百计阻止她赴约。但灰姑娘仍然参加了舞会，认识了王子并成了皇后。是什么力量使她有这么大的勇气和毅力？答案很简单，因为灰姑娘她爱自己！这世上没有人爱她，所以她要加倍地爱自己；因为没有人会给她机会，所以她要加倍地给自己机会。人们可以阻止你做某些事情，但他们永远无法阻止你去爱自己。只要你真的爱自己，就总能找到机会去展现自己，从而实现心中最美好的愿望。

“这个灰姑娘的故事给了我极大的震撼，我开始重新审视自己的生活，我开始用乐观向上的精神来看待办公室的工作。结果发现这份工作其实并没有那么乏味，我也不会因此而变得毫无长进。比如传送文件，跑上跑下，累人吗？不，这会锻炼我的人际协调和沟通能力，还可以减肥哦！分发报纸信件，烦心？怎么会，这可是难得的免费阅读的机会。工作闲暇时欣赏欣赏报上的美文，同时也能为自己搜集一些征稿投稿的信息，一圆从小的文学梦……

"所以，现在的我，工作得快乐而满足。我相信，不管在什么岗位上，只要我懂得去爱自己，只要我永远为自己创造机会，永远为未来积极地准备，总有一天，我也能拥有灰姑娘那双璀璨夺目的水晶鞋。"

学会创造机遇，必须具备超前意识和远大见识，在机遇来临前，便已看到了它的必然。愚蠢的人总是浪费掉机遇，平常的人只会等待机遇，聪明的人善于创造机遇。好好把握你人生的每次机遇吧，当到达成功顶点的时刻，你就会庆幸，你的命运原来牢牢掌握在自己的手中！

不要给自己留后路

1. 机遇常常会意外来临

曾在《福布斯》中国富豪榜排名第 38 位的张果喜就是这类成功者的典型例子。他本来没想发财，只是想解决一下生存问题，后来竟不经意地发了财。

1972 年，张果喜受在江西余江当地的上海知青的影响，怀揣 200 元，到上海找生路。偶然的机会，在上海四川北路的上海雕刻艺术厂发现，一个雕刻樟木箱竟可卖 200 多块钱。张顿时灵机触发，立刻返回老家，按照上海生产樟木箱的程序"依葫芦画瓢"。半年后张氏第一只雕刻樟木箱出品。通过上海工艺品进出口公司，张果喜自己制作的第一只产品参加了广交会，并幸运地

拿到了20套樟木箱的订单，赚了1万多元。这是张果喜掘得的第一桶金。

张果喜的创业资本为变卖家产所得1400元以及江西余江当地盛产的樟木原料。张果喜目前身价据《福布斯》估计为12亿元人民币。如果没有30年前的那次上海之行，现在的张果喜还可能只是江西余江乡下的一介农夫，天天为吃饱肚子斤斤计较。

看来，成功确实并不是完全由自己决定的，还有一部分取决于运气、机遇等一类的东西。当运气还没有降临到你头上的时候，请不要气馁。因为，机会往往是在意外的时候降临的。只要你不断地努力，好运一定会降临到你的头上。

2. 绝望中的机遇

有一位商人，最初继承父业做珠宝生意，但他缺乏先辈对珠宝行业的明察秋毫，经营入不敷出，几年时间，就将父亲留下的全城最大的珠宝店赔光了，只好将珠宝店关门变卖。

他认为自己不是缺乏经营才干，而是珠宝行业投资大、技术性强、陷阱多、风险大，他决定改行做服装生意，认为服装生意周期短，资金流动快，不需要很深的专业知识，肯定能成功。于是，他变卖了部分家产，开了一家服装店。可是，他每次进的服装款式，都比市场流行的慢一拍，经常造成货量积压，资金周转不灵，过了3年，他已经没有资金组织货源，引进新款服装了。他只好变卖了服装店。

变卖了服装店之后，他认为服装流行趋势变化太快，自己不敏感，不适于做服装生意；于是他将剩余不多的资金，开了一家饭店。他想，这种简单的生意不会再赔了。可是，他又错了。他眼睁睁地看着邻家饭店宾客盈门，而自家饭店门可罗雀。最后，连雇工也纷纷跑到别的饭店，只剩下他一个人孤孤零零地面对失败。

后来，他又尝试做了化妆品生意、钟表生意等，都无一例外地失败了。这个时候，他已经50多岁。从经营父亲留下的珠宝店至今，近30年的时间全被失败占满，宝贵的青春年华也已凋谢，斑白的双鬓使他相信，他没有丝毫的经商才能，他不应该经商。

在盘点自己人生的时候，他感到很绝望。他想，既然自己已没有能力创业，那就给自己买块墓地留着，等到自己谢世时，也算有个归宿。他盘算了自己的家底，用剩余的钱为自己买了一块墓地。

墓地所在的地方是一片极其荒僻的土地，离城有5公里，有钱的人，甚至没多少钱的人，也不会到这么荒凉的地方来买墓地。

可是奇迹发生了。就在他办完这块墓地产权手续的一个月后，这座城市公布了一项建设环城高速公路的计划。他的墓地恰恰处在环城路内侧，紧靠一个十字路口。公路两旁的土地一夜间价格倍增，他的墓地更是涨了好多倍。结果，他发财了。

他做梦也没有想到，自己的绝望之举却成了给他带来最大利润的投资。他灵机一动，自己为何不做房地产生意呢？说做便做。他卖了这块墓地，又购买了一些他认为有升值潜力的土地。仅仅过了5年，他成了全城最大的房产业主。这个最终以房地产

业功成名就的商人给自己留下的墓志铭是："机会时常意外地降临，但属于那些决不放弃的人。"

是的，机会绝不是等来的，成功永远属于那些富于奋斗精神的人们，而不是那些一味等待机会的人们。

3. 汉堡包王——雷·克洛克的起落人生

在美国，有一个名叫雷·克洛克的人。他出生的那年，恰逢西部淘金热已结束，一个本来可以发大财的时代与他擦肩而过。按理说，读完中学就该上大学，可是1931年的美国经济大萧条使其囊中羞涩而和大学无缘。后来他想在房地产上有所作为，好不容易才打开局面，不料第二次世界大战烽烟四起，房价急转直下，结果"竹篮打水一场空"。为了谋生，他到处求职，曾做过急救车司机、钢琴演奏员和搅拌器推销员。就这样，几十年来低谷、逆境和不幸伴随着雷·克洛克，命运一直在捉弄他。

雷·克洛克虽然屡遭挫败，但热情不减，执着追求。1955年，在外面闯荡了半辈子的他回到老家，卖掉家里少得可怜的一份产业做生意。这时，雷·克洛克发现迪克·麦当劳和迈克·麦当劳开办的汽车餐厅生意十分红火。经过一段时间的观察，他确认这种行业很有发展前途。当时雷·克洛克已经52岁，对于多数人来说，这正是准备退休的年龄，可这位门外汉却决心从头做起，到一家餐厅打工，学做汉堡包。麦氏兄弟的餐厅转让时，他毫不犹豫地借债270万美元将其买下。雷·克洛克为麦当劳制定的黄金准则为"顾客至上，顾客永远第一"，具体为QSCV。其中Q是"质量"（Quality），麦当劳对食品有极其严格的标准，以确保顾客在任何时间或任何连锁分店所品尝的麦当劳食品都是同一品质，没有差异。S表示“服务”（Service），指按照细心、关心、爱心的原则，提供热情、周到、快捷的服务，客人进店后有一种“宾至如归”的温馨之感。C说的是“清洁”（Clean），麦当劳提出了员工必须坚决执行清洁工作标准，以确保食品安全可靠，店面干净整洁，让就餐的客人放心。V代表“价值”（Value），充分体现了麦当劳的企业文化，目的在于进一步传递麦当劳“向顾客提供更有价值的高品质”的理念。

经过几十年的苦心经营，麦当劳现在已经成为全球最大的以汉堡包为主食的速食公司，在国内外拥有1万多家连锁分店。据统计，全世界每天光顾麦当劳的人至少有1800万，年收入高达4.3亿美元。雷·克洛克被誉为“汉堡包王”。

成功离不开经验的积累，创业的过程其实是在不断地挫折和失败中“滚爬跌打”。只有在挫败中不断地总结经验教训，坚持前行，才有可能到达成功的彼岸。美国知名创业教练约翰·奈斯汉曾指出：“从表面上看，失败的结果或许令人难堪，但实际上却是取之不尽的活材料。在失败过程中付出的努力和累积的经验，都将成为缔造下一次成功的宝贵基础。”

雷·克洛克之所以年过半百能够取得成功，就在于他有勇气直面接踵而来的困境，敢于面对挫折和失败。

别让借口再绊倒你

借口这个东西，约等于理由。当一个人不愿意、不想做一些事情的时候，就会找出无数个借口。在职场上，推卸责任、转嫁过失、拖延、自欺欺人随时随地都在发生，围绕这些行为，也衍生出很多看似堂皇的借口流行着。

我们都曾有这样的经历，小的时候，常常会因为年龄小，走路不稳而被什么东西绊倒或碰着，每每这时，妈妈就会骂绊倒我们的或碰着我们的东西。而年幼的我们竟然相信了妈妈为我们找的借口。

当我们终于不再为自己的跌倒找借口的时候，这时我们长大了。

我们在情感、工作上跌倒的时候，也要像孩子时一样，即使是地面不平，有东西挡在我们面前，都不应该是我们跌倒的借口，最应该检视的是我们的心，去承担错误与失败。

试看我们生活中的一幕幕：工作不顺心，怨上司，怨同事；学习不好埋怨脑袋；与别人产生矛盾怨别人，怨社会，怨……反正种种不顺心的事都有埋怨的对象，都是别人或环境的错。

我们对自己感情的受伤，工作中的矛盾，还有自己所做的傻事不找任何借口，这都是生命中的必然，坦然地接受批评、教训，把这些当成自己向更高目标前进的动力。

我们的每一次跌倒都是人生不可避免的旅程，如果我们能在每一次跌倒中找到前进的勇气，体会到生命内在的本质。那我们再也不会为自己的跌倒找任何借口了。那我们的心也会在不平静的生活中得到一份安宁。

1. 不要给自己找借口

编织借口，主要为了推卸或减轻自己的责任。其实，没有任何一种借口可以站得住脚，人要想在职场上有所收获的话，请搞清这些借口的真正含义，当它们在舌尖上打转时，合格的职场人是不会让它们蹦出来的。

“悲观的人总是喜欢寻找借口。”布里奇和马奇兰做了一个包含10个层面的逻辑链条论证这种关系：如果企业或个人仅仅关注短期行为，就会导致被动反应；被动反应，就不愿意承担责任；不愿意承担责任，就不可能具备冒险精神；不愿意冒险，就惧怕失败；惧怕失败，就谋求自保；谋求自保，就会出现悲观和拖延；有拖延，就缺乏干劲和创造力；缺乏创造性，就只会跟随别人；跟随别人，就学会推卸责任；学会推卸责任，就会制造借口。

2. **“我现在很忙，等下周吧！”**

现在很忙，等下周吧！是典型的拖延型借口。如果一个人的工作进度是按时间表规划好的，那么他会在接受任务时告诉你这项工作为什么目前不能做，手边有什么事情，大概会在什么时间段来操作这个项目。你会发现你的周围有很多这样的员工，他们信誓旦旦，言之凿凿，把本来可以在短时间内完成的工作拖到以后。

3. **“我太忙，给忘了。”**

上帝都不能惩罚一个因过度劳累而忘掉一件事情的人。但说

这句话的人，真的忙到了某种程度吗？事实上，当我们觉得一件事情重要到必须记得时，我们一定会通过各种方式把它记起来的——拜托同事提醒，或依靠高科技的手机、电脑来报时，再不行，一张小小的记事贴就能解决问题。忘了的前提是忙，潜在的意义是告诉大家：我忘记了这件事是因为我在为其他事件而努力！其实冷静想想，这两者之间实在没有真正必要的联系。

4.**“我很难和他合作。”**

沟通是每一个职场人都应该具备的基础能力。当一名员工总是把自己工作中的不顺利归结在别人身上的时候，也许已经意识到自己的能力乏善可陈，尤其是当另外一个人提出比较尖锐或敏感的问题，凭自己的经验已经解决不了，又很难回避的时候，往往就会很无奈地溜出这个借口。鸵鸟一般地把头埋进沙里——天塌下来，问题也出在别人身上！

5.**“不是我不努力，是竞争对手太强。”**

这句话一般出自某场战斗的败北者口中。人们为不思进取寻找借口时，通常会用到这句话。遭遇困难时，积极地克服与应对会更加激发出一个人的潜能，不然就不会发生后来者超越前者的故事了。而不思进取最终是意志品质上的认输，对手太强的意思就是我比人家差太多，常说这句话的人，不是尊重对手，而是在不断否定自己。

6.**“这件事跟我没关系。”**

如果用“嫁祸他人以减轻自己责任”来诠释它的含义，你不要觉得太过分。事实上，很多人板起脸来显得与世无争时往往掩盖了他最真实的意思。无论在哪一家公司，骄人的业绩都来自团队每一个部门、每一个人的紧密协作，而出现问题在某一个结点上也会影响全局。如果问题出现时，我们都说与我无关，相信颓废之风马上遍地开花。

7. **“事先没人告诉我。”**

我们这里说的，不是预先不通知你开会而追究责任这种事情。“事先没人告诉我”的借口，往往也是在工作失误浮出水面之后。比起事不关己的彻底逃避型，喜欢用事先没人告诉我来推脱责任的人更容易一脸无辜地来为自己解脱。事先没人告知，不代表你不应该就有疑点的事情进行探索与询问，核实之后再下定论。这个借口的前戏是敷衍行事，而后戏就是出现问题把矛盾指向那个事先应该告诉你的人。

8. **“我们一直就是这样的。”**

当工作没有突破，或有人提出墨守成规的不足时，委屈的人会采用这个借口。一直就是这样的，意在告诉他人，我在某种被认可的、安全的定式当中。一个缺乏创新精神的员工总是喜欢沿用传统而固定的模式，按部就班地工作。或许有那种喜欢下属不必具备进取精神的上司会青睐他们，因为他不需要一个挑战他的员工，但喜欢跟随自己、丝毫没有个人主见的员工，在职场上要承担来自自己的很大的风险。

9. **“他们总是不理解我。”**

很多人把需要来自别人的安慰理解成一个人远离团队、不主动沟通的理由。在职场激烈的竞争中，通常情况下都是就事说事，有一说一，除非自愿倾诉，很少有人愿意费尽力气去揣摩你一个微小的情绪或一个失望的面容代表的内容与含义是什么。不管你为公司做什么事，你也有必要让你的上司和同事们看到，因为这是衡量你业绩和评价你能力的唯一方式。等着别人来理解，只能让自己越来越退向不被关注的墙角。

10. **“拿多少钱，干多少事。”**

这个借口不是按劳取酬的概念。通常在某些人因为缺乏责任心而遭到批评时，这句话就会脱口而出。我不是没有能力，是因为酬劳太少我不愿意发挥全部而已。

其实，职场上任何借口都徒劳无益。因为你给出去什么样的借口，就会失去什么程度上的成功！当你为自己寻找借口的时候，你也许会愿意听听这个故事。

时间是一个漆黑、凉爽的夜晚，地点是墨西哥市，坦桑尼亚的奥运马拉松选手艾克瓦里吃力地跑进了奥运体育场，他是最后一名抵达终点的选手。

这场比赛的优胜者早就领了奖杯，庆祝胜利的典礼也早就已经结束，因此，艾克瓦里一个人孤零零地抵达体育场时，整个体育场几乎已经空无一人。艾克瓦里的双腿沾满血污，绑着绷带，他努力地绕完体育场一圈，跑到终点。在体育场的一个角落，享誉国际的纪录片制作人格林斯潘远远看着这一切。接着，在好奇心的驱使下，格林斯潘走了过去，问艾克瓦里，为什么这么吃力地跑至终点。

这位来自坦桑尼亚的年轻人轻声地回答说：“我的国家从两万多公里之外送我来这里，不是让我在这场比赛中起跑的，而是派我来完成这场比赛的。”

没有任何借口，没有任何抱怨，职责就是他一切行动的准则。

“没有借口”看似冷漠，缺乏人情味，但它却可以激发一个人最大的潜能。无论你是谁，在人生中，无须任何借口，失败了也罢，做错了也罢，再妙的借口对于事情本身也没有丝毫用处。而许多人生中的失败，就是因为那些一直麻醉着我们的借口。

抢占先机

爱因斯坦曾说过：“机遇只偏爱有准备的头脑。”有准备的头脑指的就是个人的主观条件，包括个人知识的积累和思维方法的准备。一个人，没有广博而精深的知识，要发现和捕捉机遇是不可能的；而只具备知识，没有现代思维方式，就看不到机遇，它就会默默地从身边溜走。从客观条件讲，机遇的产生和利用需要有良好的社会环境，如自由的科研氛围，平等的择业、工作机会，良好的家庭环境和教育程度等。牛顿见苹果落地，触发了灵感，发现了万有引力；伦琴在实验时，从手骨图像中发现了X射线。历史上无数科学家成功的例子告诉人们，一个始终在努力创造主观条件和改善客观条件的人，比那些只会等待机遇出现的人更容易捕捉到机遇，而才华出众则是抓获机遇的最大资本。

中国有句俗语：一步赶不上，步步赶不上。

起跑领先一小步，人生领先一大步。在竞争激烈的时代，要如何在同辈之间冒出头？其方法就是要比别人多学一点点功夫，这一点点功夫常常就会在关键时刻，让你比别人多一些机会。在任何行业只要能够想到比别人领先一步，就能够抢占先机，在你的行业里处于竞争优势。

现在流行的“迷你裙”就是起跑时领先了一小步，却造就了玛丽·奎恩特“迷你裙之母”的地位，也为她带来了滚滚的财富。

20世纪50年代，正当英国街头的时髦青年身穿奇特的黑色服装，骑着摩托横冲直撞时，一位来自威尔士的年轻女子玛丽·奎恩特的服装设计使时髦青年的时髦衣着变得微不足道。1934年玛丽·奎恩特出生在英国威尔士的阿伯腊斯特威思，她是一个教师的女儿，16岁到了伦敦，就读于伦敦金饰学院绘画系，毕业以后在女帽商埃里克的工作室里开始她的设计生涯。她的设计对象，恰是针对当时还未引起人们注意的少女时装。当时女孩们衣着毫无特色，通常是穿着母辈的老式衣服。玛丽说：“我时常希望年轻人穿上她们自己所喜欢的衣服，它不是古板过时的，而应是真正20世纪的年青女装。但是，我知道这一工作尚未引起人们足够的关注。”

1955年，年轻的玛丽·奎恩特和丈夫亚历山大·普伦凯特·格林在伦敦著名的英王大道开设了第一家“巴萨”百货店。他们的服务对象就是青年，玛丽·奎恩特推出的第一件服装，就是后来名闻遐迩的“迷你裙”。虽然当时他们俩的产业极小，更属时装界的无名之辈，但这种微弱的震动，恰恰预示着服装界未来的强烈地震，这是具有划时代意义的一步。50年代的裙长徘徊在小腿肚上下，迪奥在1953年只不过将裙下摆剪短了若干英寸，在新闻界里就爆出一大冷门。而当时鲜为人知的玛丽·奎恩特，却以其激烈的观点，开始了新时期的服装革命。她当时的战斗口号是："剪短你的裙子！"

1965年，"迷你裙"和"宇宙时代"的青年女装风靡全球，玛丽·奎恩特进一步把裙下摆提高到膝盖上四英寸，英国少女的装扮已成为令人羡慕和仿效的对象。这种风格被誉为"伦敦造型"，到了60年代中期，"伦敦造型"成为国际性的流行样式。新时装潮流不可遏制，青年人狂热地欢迎"迷你裙"，中年女性也以惊羡的目光接受这一变革，多种不同的迷你风格装应运而生。

新一代设计家皮尔·卡丹、古海热、圣·洛朗、安伽罗等也都相继推出一组组风格各异的"迷你裙"系列。这一年，英女王伊丽莎白访问美国，当她的船抵达纽约时，美英时装团体组织了迷你裙大型表演。这时，即便是最保守的高级时装店，也悄悄地剪短了他们的裙子产品。50年前，一位著名的时装大师让·帕杜曾嘲笑短裙是"笨头脑创造出来的"，但是，半个世纪以后，人类服装史上首次出现如此之短的裙子，玛丽·奎恩特赢得了全世界的胜利。

"生活的道路一旦选定，就要勇敢地走到底，决不回头。"这位叱咤风云的女设计家很快成为一个精明的企业家，由捉襟见肘的小本经营（开始仅有20台缝纫机和20个工人），发展到年收入1200万美元，拥有百余家时装商店分布在全英国，它们专营摩登、别致、价格适中的时装，起皱衬衫，闪光的紧身运动衣，等等。著名的女装店如"你，快点"、男装店"贵族男仆"相继开张。后来玛丽·奎特恩的经营范围遍及许多国家，仅美国

就有 320 位经销商，她已成为百万富商行列中之一员。

中国现在这个社会，正在完成从计划经济到市场经济的转变，这给了我们许多想象的空间、无数的商机。只要每个青年人能够抓住这个商机，敢于领先一步，无论小富、中富、大富，一定能够富起来。

抓住展现才华的时机

任何人在工作中都会遇到不会、不懂的难题，而在工作中有求于人有时是最难启齿的，不但要放低身价，还须依据要求的内容向对方略表感激。但成功的人士总能从中找到最自然、最有效的方法。

很多人认为自已之所以没有成功，就是缺少像成功者那样的机遇。尽管机遇从其本身来看，并不是一个能够人为地加以控制的东西，但这并不意味着我们就不能努力用心去把握一些机遇，迎接运气的到来。

1. 人要主动地抓住机会

从前，有两名推销梳子的推销员李强和王飞，他们每天走街串巷，到处推销梳子。有一天，二人结伴外出，无意中经过一处寺院，望着人来人往的寺院，王飞大失所望，“唉，怎么会跑到这个鬼地方，这里全是一群……哪有和尚会买梳子呢？”于是打道回府。

刚刚看到寺院的招牌，李强本来也是心内一凉，非常失望，但长期以来形成的职业习惯和不断挑战自我的精神又告诉自己“既来之，则安之，不行动怎么会有结果呢？事在人为嘛！”于是，径直走进了寺院，待见到方丈时心内已想好了沟通的切入点。

见面施礼后，李强先声夺人地问道：“方丈，您身为寺院住持，可知做了一件对佛大不敬的事情吗？”

方丈一听，满脸诧异，诚惶诚恐地问道：“敢问施主，老衲有何过失？”

“每天如此多的善男信女风尘仆仆，长途跋涉而来，只为拜佛求愿。但他们大多满脸污垢，披头散发，如此拜佛，实为对佛之大不敬，而您身为寺院住持，却对此视而不见，难道没有失礼吗？”

方丈一听，顿时惭愧万分，“阿弥陀佛，请问施主有何高见？”

“方丈勿急，此乃小事一桩，待香客们赶至贵院，只需您安排盥洗间一处，备上几把梳子，令香客们梳洗完毕，干干净净，利利索索拜佛即可！”李强答道。

“多谢施主高见，老衲明日安排人下山购梳。”

“不用如此麻烦，方丈，在下已为您备好了一批梳子，低价给您，也算是我对佛尽些心意吧！”经商讨，李强以每把 3 元的价格卖给了老和尚 10 把梳子。

李强满头大汗地返回住所，恰巧让王飞看到：“嘿，李强，和尚们买梳子了吗？”王飞调侃道。

“买了，不过不多，仅仅10把而已。”

“什么！10把梳子？卖给了和尚？”王飞瞪大了眼睛，张开的嘴巴久久不能合拢：“这怎么可能呢？和尚也会买梳子？向和尚推销梳子不挨顿揍就阿弥陀佛了，怎么可能会成功呢？”

2. 灵活应变捕捉机遇

李强一五一十将推销过程告诉了王飞，听完以后，王飞顿觉恍然，“原来如此，自愧不如啊，佩服佩服！”嘴上一边说，心里一边想：为什么我会放弃这个好机会呢？老和尚真是慷慨啊，一下子就买10把梳子，还有没有机会让他买更多的、价格更高的梳子呢？脑筋一转，计上心来，当天晚上便与梳子店老板商量，连夜赶制了100把梳子，并在每把梳子上都画了一个憨态可掬的小和尚，并署上了寺院的名字。

第二天一早，王飞带着这100把特制梳子来到了寺院，找到方丈后，深施一礼：“方丈，您是否想过振兴佛门，让我们的寺院名声远播、香火更盛呢？”

“阿弥陀佛，当然愿意，不知施主有何高见？”

“据在下调查，本地方圆百里以内共有五处寺庙，每处寺庙均有良好服务，竞争激烈啊！像您昨天所安排的香客梳洗服务，别的寺庙早在两个月前就有了，要想让香火更盛，名声更大，我们还要为香客多做一些别人没做的事情啊！”

“请问施主，我院还能为香客们多做些什么呢？”

“方丈，香客们来也匆匆，去也匆匆，如果能让他们空手而来，有获而走，岂不妙哉？”

“阿弥陀佛，本寺又有何物可赠呢？”

“方丈，在下为贵院量身定做了100把精致工艺梳，每把梳子上均有贵院字号，并画可爱小和尚一位，拜佛香客中不乏达官显贵，豪绅名流，临别以梳子一把相赠。一来，高僧赠梳，别有深意，二来，他们获得此极具纪念价值的工艺梳，更感寺院服务之细微，如此口碑相传，很快可让贵院名声远播，更会有人慕名求梳，香火岂不愈来愈盛呢？”

方丈听后，频频点头，王飞遂以每把5元的价格卖给方丈100把梳子。

王飞大功告成，兴致勃勃地回来与李强炫耀自己的成功推销，李强听完，默不作声，悄悄离开。

3. 成功者找方法，失败者找借口

当晚李强与梳子店老板密谈，一个月后的某天清晨，李强携1000把梳子拜见方丈，双方施礼后，李强首先问了方丈原来购买王飞梳子的赠送情况，看到方丈对以往合作非常满意，便话锋一转，深施一礼：“方丈，在下今天要帮您做一件功德无量的大好事！”

待方丈询问原因，李强将自己的宏伟蓝图向方丈描绘：寺院年久失修，诸多佛像已破旧不堪，重修寺院，重塑佛像金身已成为方丈终生夙愿，然则无钱难以铭志，如何让寺院在方丈有生之年获得大笔资助呢？李强拿出自己的1000把梳子，分成了两组，其中一组梳子写有“功德梳”，另一组写有“智慧梳”，比起以前方丈所买的梳子，更显精致大方。李强向对方丈建议，在寺院

大堂内贴上如下告示：凡来本院香客，如捐助10元善款，可获高僧施法的智慧梳一把，天天梳理头发，智慧源源不断；如捐助20元善款，可获方丈亲自施法的功德梳一把，一旦拥有，功德常在，一生平安，等等。如此一来，按每天3000香客计算，若有1000人购智慧梳，1000人购功德梳，每天可得善款约3万元，扣除我的梳子成本，每把8元，可净余善款1.4万元，如此算来，每月即可筹得善款40多万元，不出一年，梦想即可成真，岂不功德无量?

李强讲得兴致勃勃，方丈听得心花怒放，二人一拍即合，当即购下1000把梳子，并签订长期供货协议，如此一来，寺院成了李强的超级专卖店。

上面这个故事告诉我们：

只要你有准备，将幻想变成理想，把理想变成现实，将所有不可能通过努力和技巧变成一种实实在在的可能是能做到的。

不同心态与心智模式会导致不同的结果与命运。李强具备了积极的心态，即使只有一线希望，也要全力以赴争取。他能主动地抓住机会，取得初次的成功。

成功者找方法，失败者找借口。王飞能从失败中吸取教训，学到东西，少走弯路，用心灵活，终于捕捉到机遇赢得了第二次机会。

有启发，有思考，就有更好的结局。

4. 机会无处不在

人生的事业就如同舞台上的戏剧。戏剧的动作与台词，在演出时必须把握得恰到好处才行。事业也是如此，每个人的表演如何，就靠自己的功夫了。

同样，对于一个初涉职场的人而言，最重要的是要抓住表现自己才华的最佳时机，因为只有这一刻，你才能使大家认识到你的与众不同之处。

喜剧巨星卓别林之所以能够成为喜剧泰斗，就是因为他抓住了表现自己才华的最佳时机。有一次，当拍戏拍到一半，导演突然想起什么似的大叫："喂！这个场面是不是该有个有趣的角色出现呢？"

当时只是个小演员的卓别林，很快就有了灵感：他穿着宽松的裤子、大皮鞋，粘着一撮小胡子，在拐杖上放着高帽子站在导演的面前。卓别林抓住了表现自己才华的最佳时机，因此成为众所周知的喜剧泰斗。

命中没有注定要失败的

人生总有迂回曲折，伴随着你的成长过程，还会遭遇更多的挫折，这就是人生的现实。在这些人生的转折关头，应该如何去看待，进而如何去应付，就全看你自己了。你可以把它当作是一种"挑战"；或者，你也可以像大多数人一样，把它当成时运不济、危机、灾难……而不想寻找更可靠的道路再尝试一次，并作为自己承认失败的借口。

1. 别让机会溜掉

在某个小村落，下了一场非常大的雨，洪水开始淹没全村，一位神父在教堂里祈祷，眼看洪水已经淹到他跪着的膝盖了。一个救生员驾着舢板来到教堂，跟神父说："神父，赶快上来吧！不然洪水会把你淹死的！"神父说："不！我深信上帝会来救我的，你先去救别人好了。"

过了不久，洪水已经淹过神父的胸口，神父只好勉强站在祭坛上。这时，又有一个警察开着快艇过来，跟神父说："神父，快上来，不然你真的会被淹死的！"神父说："不，我要守住我的教堂，我相信上帝一定会来救我的。你还是先去救别人好了。"

又过了一会，洪水已经把整个教堂淹没了，神父只好紧紧抓住教堂顶端的十字架。一架直升机缓缓地飞过来，飞行员丢下绳梯之后大叫："神父，快上来，这是最后的机会了，我们可不愿意见到你被洪水淹死。"神父还是意志坚定地说："不，我要守住我的教堂！上帝一定会来救我的。你还是先去救别人好了。上帝会与我共在的！"

洪水滚滚而来，固执的神父终于被淹死了……神父上了天堂，见到上帝后很生气地质问："主啊，我终生奉献自己，战战兢兢地侍奉您，为什么您不肯救我！"上帝说："我怎么不肯救你？第一次，我派了舢板来救你，你不要，我以为你担心舢板危险；第二次，我又派一只快艇去，你还是不要；第三次，我以国宾的礼仪待你，再派一架直升机来救你，结果你还是不愿意接受。所以，我以为你急着想要回到我的身边来，可以好好陪我。”

其实，生命中太多的障碍，皆是由于过度的固执与愚昧无知造成的。在别人伸出援手之际，别忘了，唯有我们自己也愿意伸出手来，人家才能帮得上忙的。

实际上有许多年轻人，受阻于现在的障碍，便对所追求的职业心灰意冷。他们退缩下来，说命运是冷酷的，逐渐地变成胆小的人，这实在是很遗憾的事。真正重要的，并不是我们人生中的偶发事件，而是我们如何面对这些偶发事件，并创造各种不同的人生，绝不能因为命运而阻碍了自己的前途。

2. 跳蚤人生

失败常常不是因为我们不具备这样的实力，而是在心理上默认了一个“不可跨越”的高度限制。

林凡是各有专长和才华的女孩子，通过朋友推荐去一家大的公司应聘主管，朋友给公司刘总经理写了一封推荐信。没想到她却说自己从来没有在这样大的电信公司做过主管，恐怕面试无法通过，或者做不好工作，影响朋友的面子，只好“退而求其次”。她先给几家用人单位寄去简历，足足等了半个月，结果石沉大海无消息，接着，她又去找人才市场或者职业介绍所，见了几家用人单位，结果是“高不成低不就”。最后，她打电话找公司的刘总经理，秘书接过电话问道：“请问你找哪一位？”她回答：“请找刘总。”秘书说：“对不起，刘总正在开会，可以请你留下口信吗？”她又不好意思开口了。

一周后，朋友又给她讲到了“跳蚤的故事”：科学家往一个玻璃杯里放进一只跳蚤，发现跳蚤立即轻易地跳了出来。再重复几遍，结果还是一样。一测试，原来跳蚤跳的高度一般可达到它身体的400倍左右，如果再增加一些高度，跳蚤就跳不出来了。但是当你把一盏酒精灯拿到杯底，跳蚤热得受不了的时候，它就会“嘣”地一下，跳出来。正如兵法上所说“置之死地而后生”。

她很快领悟。第二天，她就主动给刘总打电话，又是秘书接的，听她直呼刘总的名字，秘书不敢怠慢，很快接通电话……

结果是刘总非常感谢朋友为他推荐了一个能干而聪明的主管。每次碰面都会表示感谢。而林凡现在已经是公司的高层领导，正在尽情地施展自己的抱负和才华。

生活中，其实我们许多人也在重复着这样的“跳蚤人生”：因为在心理上默认了一个“不可跨越”的高度极限，而甘愿忍受失败者的生活。年轻时意气风发，屡屡去尝试成功，但是往往事与愿违，屡屡失败。几次失败以后，他们便开始不是抱怨这个世界的不公平，就是怀疑自己的能力，人们往往因为害怕去追求成功，而甘愿忍受失败者的生活。

只要你不认输就有机会

美国潜能成功学家罗宾说：“面对人生逆境或困境时所持的信念，远比任何事都来得重要。”这是因为，积极的信念和消极的信念直接影响创业者的成败。

在希望落空时，假如你不能把它视为仅是一时的退却或应该克服的考验，反而当作毫无道理的大失败，那么，你将会被失败所击溃！这一点你应该铭记在心。只有当你甘心承受失败，并且失去再尝试的意愿时，才是真正的失败。

1. 不要败给悲观的自己

很早以前，有一群印第安人被白人追赶，逃到了某个地方，他们的处境十分危险。由于情况危急，酋长便把所有族人召集起来谈话。他说："有些事我必须告知大家，我们的处境看起来很不妙，我这里有一个好消息，也有一个坏消息。"族人中间立刻起了一阵骚动。

酋长说："首先我要告诉你们坏消息。"所有的人都紧张地站着，神色惶恐地等待着酋长的话，他说："除了水牛的饲料以外，我们已经没有什么东西可吃了。"

大家开始你一言我一语地谈论起来，到处发出"可怕啊""我们可怎么办"的声音。突然一个勇敢的人发问了："那么好消息又是什么呢？"

酋长回答："那就是我们还存有很多的水牛饲料。"

我非常喜欢这个故事，就是因为这个智慧而略有些幽默的酋长，在面临生死的困境中依然保持着泰然豁达的心境，他所看到的，只是生的希望。一个在厄运面前不会绝望的人，注定是一个永远不会被生活打垮的人。人生的好多次失败，最后并不是败给别人，而是败给了悲观的自己。

2. 成功者不过是爬起来比倒下去多一次

成功者不是一开始创业就取得了成功，他可能要面对许多次失败，在失败面前，要经得住考验。

1954 年，巴西人都认为巴西队一定能获得本次世界杯赛的冠军，然而天有不测风云，在半决赛中巴西却意外地败给了对手，结果那个金灿灿的奖杯没有被带回巴西。球员们悲痛至极，他们做好思想准备，以迎接球迷的辱骂、嘲笑和汽水瓶。要知道足球可是巴西的国魂。

飞机进入巴西领空，他们坐立不安，因为他们的心里清楚，这次回国凶多吉少。可是，当飞机降落在首都机场的时候，映入他们眼帘的却是另一种景象：总统和两万多球迷默默地站在机场上，他们看到总统和球迷共举一大横幅，上面写着：失败了也要昂首挺胸。队员们见此情景，顿时泪流满面。4 年后，巴西队捧回了世界杯。

3. 从失败中崛起

只要你能够站起来，你的倒下就不算是最终失败。但对于实践者来说，一定要从失败中汲取经验教训。福寿康实业有限公司总经理刘昌勋就认为，从失败中学到有益的东西，非常重要。

世界上没有绝望的处境，只有对处境绝望的人。刘昌勋的创业史很有点九死一生的悲壮。兄弟俩在同一所中学读书，父母常常因为凑不起学费唉声叹气。他横下一条心，减轻家里负担，让弟弟一个人上学，于是在中学还没读完的时候便辍学经商，那年他16岁。干什么好呢？他家邻居经营药材，每月几百元的利润。在他们那里，当时是一个叫人眼红的数目。他抱着试一试的心理，买了20元的板蓝根，背到集上去销售，当天全部脱手，赚了20元。

20元，在当时对他来说，是一笔大钱。第二天，他将40元全投进去，没想到两天之内顺利销出去，又赚了30多元。两个月下来，连本带利达到了500元。

但做任何事业都不是一帆风顺的。当时刘昌勋家里很穷，只有叔叔在前线牺牲得到3000元抚恤金，父亲一直把它存在银行里。无论家庭如何困难，父母也没有动用它。两个月的节节胜利，使他由胆怯到胆大。经他反复动员，父亲终于把钱从银行里取出来，交给了他。连本带息，加上他那500元，凑成了4000元。他一次性买入一批药材，投入市场。一位顾客仔细辨认后，对他说："你小小年纪，却大大狡诈，学会了瞒天过海"。他委屈地申辩，眼泪直掉。这个顾客见他不是老奸巨猾，才告诉他这批药材是榨过汁的，现在只是一堆干柴，没多少药性了。

他傻了。他的本金大部分是叔叔的鲜血换来的，一堆干柴便把它全部骗走了。他的第一反应是找供货商算账。这个骗子打一枪换一个地方，连续一两个月也没找着这个骗子。他的第二反应是，他也把这堆干柴糊弄出手，弄一元算一元。有一位老人与他谈妥了价钱，但在老人数钱的时候，他见老人松树皮一样的手，沟壑一样的满脸皱纹，这一大把年纪，这笔损失不等于要老人的命吗？他觉得自己还年轻，还有机会重来。于是他点着打火机，把这些干柴全部烧了。

这次失败并没有使刘昌勋萎靡不振，他总结经验，继续奋斗，终于登上了富豪的排行榜。刘昌勋的事迹说明：奋斗者，破产只是一时；而不去奋斗，则必将一生贫穷。只要你没有失掉勇气，敢于拼搏，就一定会取得成功。

踏着失败走来的林肯

在人生旅途上，成功与失败的概率差不多，每一个人都必然会遇到失败，没有人逃得了。失败会以各种形式和面貌出现，有时无伤大雅，有时却严重得仿佛得了癌症。有的失败来自一种非输即赢的情况，像政治选举或商场竞标；有些则来自我们生命中自然的事，如婚姻家庭问题。失败有时众所周知，在社交圈或专业领域中无可隐藏；有时又秘密到连配偶和最亲近的朋友都不知道。

可能再没有人比美国历史中最受尊崇的林肯总统更了解失败的真义了。早年他失去所爱、事业不顺；当选总统之前，经历了一连串的政治失利；也因此在总统任期间，不断被人公开嘲讽，连私生活也几乎瓦解。林肯失败过很多次，也有过最沮丧的时候，毕竟他也是人。在最困难时，据他说："我身上连一把刀都不敢携带，我真怕一时想不开。"但是，最后他却改变了美国历史，开创了辉煌的林肯时代。他曾倡导《宅地法》，发表《解放黑奴宣言》，赢得南北战争胜利，维护联邦统一，由此，他也成了美国民众心中的英明领袖。他的最伟大之处，在于他能够为了达到一个具有伟大价值目标，屡败屡战，坚持不懈，屡遭挫折而热情不减。

在入主白宫之前，林肯遇到过一次又一次的失败，他的一生几乎就是在失败与屈辱中前进的。

1816 年，林肯的家人被赶出了所居住的地方，他必须用辛勤的工作来养活他们。

1818 年，林肯的母亲去世，令林肯痛不欲生。

1831 年，林肯经商失败，几乎一贫如洗。

1832 年，林肯竞选州议员，但落选了。同年，他丢掉了工作；他想进入法学院但又遭到了拒绝。

1833 年，林肯向朋友借钱经商，结果年底就彻底破产！从朋友那里借来的钱荡然无存。后来，他花了 16 年才把债务还清。

1834 年，林肯终于成功地当选了州议员。

1835 年，林肯准备结婚时，未婚妻却不幸去世，林肯为此痛不欲生，心都碎了。

1836 年，林肯的精神完全处于崩溃状态，不得不卧病在床 6 个月，这一年，他想争取成为州议员的发言人，但未成功。

1840 年，也就是中国鸦片战争那一年，林肯争取成为国会候选人，但还是失败了。

1843 年，东山再起的林肯参加国会竞选，不幸再次落选。

1846 年，林肯终于在国会大选中当选并且前往华盛顿特区，表现非常出色。

1848 年，林肯寻求国会议员连任，再次遭到了失败。

1849 年，林肯想在自己所在的州担任土地局局长，但遭到了

拒绝。

1854 年，林肯参加美国参议员的竞选，没有被选上。

1856 年，在共和党全国代表大会上争取副总统的选举提名，林肯得票不到 100 张。

1858 年，林肯再度参加美国参议员竞选，结果再度失败。

1860 年，林肯参加美国总统竞选并当选为美国总统！

看完林肯的“重大失败清单”，相比之下，回头想想我们遭遇过的挫折与失败，是多么地微不足道呀。

踏着失败向我们走来的林肯，让我们明白了一个简单的道理：失败和胜利之间，只有一步之遥。走过去，就是胜利；退回来，就是真正的失败。畏惧错误就是毁灭进步，害怕失败就是放弃成功。林肯理解这个人生哲学，因此，一直没有放弃自己的追求，他一直在做自己生活的主宰。

人生就是这样，有奋斗就会有失败，这很难避免。没有失败又哪来胜利呢？毕竟，没有人可以随随便便成功。是的，失败潜伏在生活的各个角落，时时刻刻都想给我们致命一击。幸好，林肯已经给我们做出榜样并告诉我们，我们是可以积极、勇敢地与失败面对的，甚至可以把它当作成功路上拾级而上的阶梯。

还是林肯最有发言权，他说：“虽然有过心碎，但依然火热；虽然有过痛苦，但依然镇定；虽然有过崩溃，但依然自信。因为我坚信，对屡战屡败的最好办法，就是屡败屡战，永不放弃。”这也许就是林肯最终成功的秘密。

是的，失败真的比胜利更能磨炼人，造就人，更能检验一个人是否成熟和坚强。无论何时，能够在失败中吸取教训并勇于重新开始，希望便会随之而来。用心去感受失败，你就会倍感人生的美好；用心去感受失败，你就会发现成功的真义；用心去反思失败，你就会发现人生没有永远的失败。

第八章

走出低谷：学会借用他人的力量

俗话说：三个臭皮匠合成一个诸葛亮。强调的是合作的力量。

精诚合作、集思广益是人类最了不起的能耐，它不仅可以创造奇迹，开辟前所未有的新天地，也能激发人类最大潜能，即使面对人生再大的挑战都不畏惧。俗语所说的“一根筷子容易断，十根筷子断就难”就显示了合作的力量。

人互有短长，你解决不了的问题，对你的朋友或亲人而言或许就是轻而易举的，记住，他们也是你的资源和力量。要善于借力，个人的力量对自然、对社会而言，都是渺小的。因此，要完成一件个人之力所不能及之事，须善于借用外界和他人的力量，才能达到目的。

借助合作，跳出低谷

《水浒传》有108条好汉，《西游记》也不是唐僧一人取经。双桥好走，独木难行。一人单挑，匹夫之勇，难以成大事。下者用己之力，中者用人之力，上者用人之智。一个人要想成功，光靠自己的力量是无法取得成功的，必须依靠或者是借助别人的力量。而要想借助别人的力量，就必须具有一定的合作能力和领导才能。

一个人的力量总是有限的，成功30%靠自己，70%靠别人。人脉就是财脉，每一个领袖或老总都是通过组建一个团队来实现自己伟大梦想的。

俗话说：三个臭皮匠，合成一个诸葛亮。强调的是合作的力量。

精诚合作、集思广益是人类最了不起的能耐，它不仅可以创造奇迹，开辟前所未有的新的天地，也能激发人类最大潜能，即使面对人生再大的挑战都不畏惧。俗语所说的“一根筷子容易断，十根筷子断就难”就显示了合作的力量。

1999年，牛根生离开伊利创建蒙牛时，江湖上多了一段恩怨故事，但大草原却崛起了乳业的“成吉思汗”军团。

1. 被逼创业

牛根生曾是伊利公司的一个洗碗工，从最底层一直做到伊利副总裁。1999年，在事业蒸蒸日上时被董事会免职。当年从伊利出来，表面来看很平静，内心实际上是翻江倒海的。20多年干企业，而且干的是国有企业，这个时候该做点什么呢？当然，牛根生去过人才市场，也有看看同行或者其他行业有没有用武的地方。后来人家没问他的经历，就问他的年龄，当他告诉人家说自己43岁时，人家说超过40岁的不接待，牛根生就走了。

牛根生在这个行业干了16年，难以接受眼前的事实。更让牛根生难过的是，那些与他朝夕共处的人也被免职，他们找到牛根生说："你被免职以后可以去北大学习，而且带着工资学习，给你租房子，我们被免职干什么去呢？"

迫于无奈，牛根生萌生了重新干企业的念头。于是几个人凑到一起，决定成立奶制品公司。他们把手里的股票卖掉，一共有100多万元。内蒙古蒙牛乳业公司就这样成立了。

2. 人缘真的很重要

要想做市场，必须建立营销渠道、打广告，100万显然不足。牛根生过去的老部下听说这个情况，纷纷入伙蒙牛。他们怎么敢把钱投给牛根生？原来，过去在伊利，牛根生曾经拿过年薪108万元，他常拿出来分给手下，并跟中层干部分着花，那个时候在国有企业，给他买车的钱、给他发的奖金牛根生都给大家分了，直到创办蒙牛的时候，牛根生才知道这对他的战略意义有多么深远。也正因为如此，这些赋闲在家的干部们想，"牛总的钱都给我们分，我们的钱交给他有什么不放心的。"大家都觉得把钱交给牛根生放心。在这些人的带动下，他们的亲戚、朋友以及业务关系都开始把钱投给牛根生。因为大家都奔牛根生这个人来了。公司注册5个月，蒙牛就有了1000多万元。有了这笔资金，

牛根生开始了真正的市场运作。他先用300多万元在呼和浩特进行广告宣传，因为呼市不大，300多万元已造成铺天盖地的广告效果。几乎在一夜之间，许多人都知道了“蒙牛”。接着，牛根生又拿出300万把承包、租赁、托管的企业做一些技术改造，做一些设备的调整，做一些能源的配置、资源的配置；还花了300万建工厂。当年这一年，牛根生记得非常清楚，实现销售收入是4300多万。

3. 达到双赢

在交往中，不要做任何一件事情都要求得到回报。这样做的结果很可能造成一种短视的行为，从而损害自己的长期利益。牛根生在与别人合作的时候只要自己不吃亏，有利没利他不去考虑，所以他想跟谁合作都能合作成。因为一般合作是互惠互利，而他先不要利。要利干什么？实际上对生意人来说，资源拥有和支配是两回事。就跟我们上街打车似的，车是出租者的，但是我们打车的目的就是为了坐车。我们之间只有合作、使用或者支配，并没有资产的转移。

牛根生他们合作的奶站，过去同行建一个奶站需要40万块钱，牛根生连4万块钱都没花。因为每一个自然村庄里，每一个养牛的区域里总有有钱的，也总有有权的，有钱的和有权的加起来以后，完全可以做这个奶站，而且做了奶站以后，大家都关心这个奶站，奶站的运作特别好，质量能保证，数量能保证，同时他有利益。市场经济既然是个利益驱动的经济，只要让别人有利益，经济驱动的速度自然就快。

4. 眼光向前看

宇宙飞船有两种命运，一种是摆不脱地心引力，掉下来；一种是飞出去，这取决于速度，不能高速成长，只能高速灭亡，不能有静止在半空中的状态，这就是飞船定律。

一个企业也是这样，如果没有高速度，到头来，每个市场的蛋糕都没有它的份儿。蒙牛的军队之所以常胜不败，就是因为在抢占制高点时，他们总是能首先成功。蒙牛是一个民营股份制企业，深知生死时速的含义，适者生存，羚羊如果跑不过最快的狮子，肯定会成为狮子的美餐，狮子跑不过最慢的羚羊，就会饿死，什么都要抢先，核心理念是，一切竞争从速度开始。

因此，当他们确定一个目标以后，在变化的市场当中，他们不是修正目标，而是不停地修正手段，一切人力、物力、财力，包括人的思维和情感都向这个目标自动集中，如果不是这样，蒙牛的发展不会这么快。快者制胜，环境是变化的，变化的速度又是如此之快，与时俱进的企业才能生存壮大，与时俱进的前提在于决策。

有关资料证明，1970 年的全球 500 强，12 年后的 1982 年就消失了 1/3，世界上破产倒闭的大企业，85%是因为企业家的决策失误造成。蒙牛的决策方针是，任何人可以在任何时候提出任何意见，这样才能保证大小决策在正确的轨道上。

5. 团结合作让蒙牛成功崛起

4 年的时间，蒙牛从全国乳业排名 1116 位上升到第 2 位，这是“蒙牛的大跃进”。当“蒙牛牛奶”赞助中国航天员专用牛

奶、牛根生出席APEC会议并用3.1亿元拍得央视“新标王”，牛根生登上CCTV“年度经济人物”领奖台以及摩根二次注资，蒙牛成为摩根在亚太地区直接投资最大的企业之时，蒙牛乳业又一次成为关注的焦点。当人们深入挖掘蒙牛成功的奥秘时，蒙牛的成功无疑是理想、政策、机制、团队、技术、眼光、胆略相结合的共同体，但蒙牛军团企业文化的精髓，以及牛根生的企业领袖魅力，更让人们感到某种神妙，这也是引领“蒙牛”走向成功的原动力。

蒙牛的成功充分证实了“一个企业的成功，必然是一个团队的成功”的道理。蒙牛是管理层集体持股的民企，在“人人都是老板”的动力驱动下，蒙牛每天超越一个对手，年均增速达365%。

知识经济时代，合作无处不在，要想成就一番事业，离开合作，寸步难行。人类基因组织图谱的完成，是全球科学家合作的结晶，“神舟”五号的上天，是全国科学家合作的成果。“合作探究式”学习方式的出现，标志着学习革命的开始。年轻人一定要懂得：在高度发达的商业社会，放弃合作就如同放弃了成功，合作的精神就是走向成功的不二法门。

学会借用他人的力量

通用汽车总经理斯隆曾说：“把我的财产拿走，但只要把我的人才留下，5年以后，我将使被拿走的东西失而复得。”这句话极其深刻地表明了借用他人之力的重要性。

星期六上午，一个小男孩在他的玩具沙箱里玩耍。沙箱里有他的一些玩具小汽车、敞篷货车、塑料水桶和一把亮闪闪的塑料铲子。在松软的沙堆上修筑公路和隧道时，他在沙箱的中部发现一块巨大的岩石。

小家伙开始挖掘岩石周围的沙子，企图把它从泥沙中弄出去。他是个很小的小男孩，而岩石却相当巨大。手脚并用，似乎没有费太大的力气，岩石便被他边推带滚地弄到了沙箱的边缘。不过，这时他才发现，他无法把岩石向上滚动、翻过沙箱边墙。

小男孩下定决心，手推、肩挤、左摇右晃，一次又一次地向岩石发起冲击，可是，每当他刚刚觉得取得一些进展的时候，岩石便滑脱了，重新掉进沙箱。

小男孩累得哼哼直叫，拼出吃奶的力气猛推猛挤。但是，他得到的唯一回报便是岩石再次滚落回来，砸伤了他的手指。

最后，他伤心地哭了起来。这整个过程，男孩的父亲从起居室的窗户里看得一清二楚。当泪珠滚过孩子的脸庞时，父亲来到了跟前。

父亲的话温和而坚定："儿子，你为什么不用上所有的力量呢？"

垂头丧气的小男孩抽泣道："但是我已经用尽全力了，爸爸，我已经尽力了！我用尽了我所有的力量！"

"不对，儿子，"父亲亲切地纠正道，"你并没有用尽你所有的力量。你没有请求我的帮助。"

父亲弯下腰，抱起岩石，将岩石搬出了沙箱。

人互有短长，你解决不了的问题，对你的朋友或亲人而言或许就是轻而易举的，记住，他们也是你的资源和力量。要善于借力，个人的力量对自然、对社会而言，都是渺小的。因此，要完成一件个人之力所不能及之事，须善于借用外界和他人的力量，才能达到目的。

1. 求人的人不掉价

不少人不愿求人，认为求人会使自己掉价，其实，这种观念是错误的。

求人的人不但能让对方觉得受了尊重，也能使自己建立一个良好的人际关系渠道，为自己的人生成功和事业发展打下良好的基础，因此，无论从哪方面说，求人的人都不掉价。

一个男人初到一个海滨城市，有一次在暮色苍茫时，这个男人要去一个自己没到过的郊区。前半截的路线他知道怎么走，可是下了公共汽车换乘另一路车时，他怎么也找不到另一路车的车站。

于是他走到一群下棋的本地老头面前，请教他们该怎么换车到他想去的地方。

没想到这么一问效果惊人。他们听出他是外地口音，而且是在快要天黑时往郊区走，就感到事关重大，于是七嘴八舌地向他指点路线，连他下车后该怎么走都告诉了他。有一位老同志为了这稀有的机会而兴奋不已，站起来让所有的人都不要讲话了，他要独自享受这指示方向的快乐。

因为他要去的地方是一个军事基地。这些人听说他和这样的地方有关联，倍感能够有机会给他这样的人指路非常重要。那位站起来的老同志还放下手中未下完的棋，专门把他送上了末班公交车。

建议你也试试这种方式，到一个陌生城市后，向一个地位低于你的人请教："不知道能不能请您帮我一个小忙，告诉我怎样才能到某个地方？"相信你会有一个良好的收获。

本杰明·富兰克林曾经运用这项原则，把一个刻薄的敌人变成了他一生的朋友。

那时，富兰克林凭着自己的年轻才干，不仅建立了一个小印刷厂，还当选为费城州议会的文书办事员。

可是，他的能干却招致议会中另一位同样有钱又能干的议员的敌对。这位议员不但不喜欢富兰克林，还公开斥责他。

富兰克林觉得这样的一种情况非常不利于自己发展，他决心使对方喜欢自己，他听说对方图书室里存有一本非常稀奇而特殊的书，就写给他一封便笺。表示自己非常希望借来一阅。

这位议员马上叫人把那本书送了过来。过了大约一周，富兰克林把那本书还给议员，并附上一封信，表示非常感谢。

以后在议会里相遇的时候，这位议员居然一反常态，跟富兰克林打起了招呼，并且很有礼貌。自那以后，他随时都很乐意帮一帮富兰克林。他们二人成了很好的朋友，一直到富兰克林去世为止。

富兰克林是200多年前的人了，而他所运用的心理方法，即请求别人帮你忙的心理方法，对我们今天还非常有效。

2. 向成功的人学习成功的方法

要成功，首先必须相信别人能，我也能。接着，采取成功者证明有效的成功方法，做出一样的行动。就算你跟他不一定相同，起码也有类似的结果。这是成功最快速的方法，也是最保险的方法。

中国各大城市有许多麦当劳、肯德基，你走遍每一家去吃吃看，会发现它的味道都差不多，甚至一模一样，分不出有什么差别。看看麦当劳每一家的装修、服务人员的制服与他们的服务模式，仍然分不出有什么差别。

假如你再深入了解麦当劳或肯德基每一家分店，都一样是非常赚钱的，这到底是为什么呢？成功最快的方法就是使用证明有效的方法，成功经验的复制就像一台复印机，能快速复制相同的事物，只要你掌握复制的方法，你也有一台成功复印机。

但是大部分人不懂得这么做，他们都用最慢的方法在追求成功——就是自己摸索。自己摸索，慢慢积累经验也可能会成功，但成功了，也失去光阴与青春了。

也许有人认为，人是要慢慢积累自己的经验才能成功。这都是过去摸着石子过河的老办法。要是有人能告诉你他 30 年的经验，前 25 年犯了哪些错，最后 5 年做对了某些成功的事，你可以直接汲取他最后 5 年的经验，帮你快速成功，节省时间，这叫作预先了解“石头在哪里”。

成功者学习别人的经验，一般人学习自己的经验。而自己通常都没什么经验，就算有，也是一些失败的教训。从今以后，不要摸着石头过河，要踩着成功者的脚步向前走。如果你不知道他是如何走的，你就去问他“石头在哪里？”而不要自己去随便摸。

结交你生命中的贵人

苏格拉底说过，真正高明的人，就是能够借助别人的智慧，来使自己不受蒙蔽。一个人在人生旅程上，事业奋斗中，总会遇到一两个贵人相助，像大公司的老板或知名老板，社会名流等，若能与他们合作或与他们交上朋友那真是很荣幸也是很珍贵的。

环境决定命运，在贵人身边做事，从他们那里你会大开眼界，学到许多你平时学不到的东西。与生命中的贵人合作，你就好像踩在巨人的肩膀上。“只有与一流人物交往，才能使自己也成为一流人物。”这是许多人交友的信念。人们在自己所处的环境里，只有与站在顶点地位的一流人物交往，并学习其观念、优点、做法，才能引导自己向上。大老板、名流中固然有名不副实者，但毕竟大多数人确有本事和才能，倘若能吸取他们的经验和观点中的精华，对你的生活和工作必将大有助益。

人都有各种各样的社会关系，大老板、社会名流亦如此。他们有各种社会关系，有各种各样的业务，也有各种各样的喜好、性格特征。特别是现代媒体，经常关注一些企业大老板和社会名流的情况，从中你定会了解他们的一二。你也可以从他们的历史上认识他们，他们的过去、他们的经历、他们的祖辈父辈，还可以从他们的亲属、他们的朋友、他们的子女等那儿认识并了解他们。

如果你立志在商界干出点名堂来，首先就要想办法接近商界名流，与其交往，建立起良好的信赖关系。一旦与你建立了信赖关系，他就会考虑："替这个人找个机会造就人才吧。"如此一来，你的命运可能会大获改观，甚至有可能一层层地脱胎换骨，一步步走入名流社会。可能你还没有真正认识到，有名的人往往有深远的影响力，一句赞许的话就可能使你受益良多。

有一个著名的公关专家曾经说过这样一段话："要发展事业，人际关系不容忽视。费心安排的话，人际关系能由点至面，进而发展成巨树。有了巨树，我们才能在巨树的荫凉下休息，坐享利益。社会地位愈高的人，在拓展事业的时候，人际关系愈是重要。但是，总不能因此拿着介绍信去拜会重要人物。就算登门拜访，人家也未必有时间见你，因为各界执牛耳的人物，通常都排有紧凑的日程表；即使见面，顶多也不过 5 分钟、10 分钟的简短晤谈，无法深入的。所以，制造与这些人物深入交谈的机会，非得另觅办法不可。"

而另一位著名的企业家却通过"十年修得同船渡"的方法结识了许多大老板和社会名流，他的经验是："在每次出差的时候，我都选择飞机的头等舱。一个封闭的空间，不会有其他杂事或电话的干扰，可以好好地聊上一阵。而且搭乘头等舱的都是一流名士，只要你愿意，大可主动积极地去认识他们。我通常都会主动地问对方：'可以跟你聊天吗？'由于在飞机上确实也没有事可做，所以对方通常都不会拒绝。因此，我在飞机上认识了不少顶尖人物。”

想结交大老板、社会名流可以有不同的机会，每个人都会有自己的路子，只要你用心、用情去交往，就一定能与大老板成为朋友。结交贵人也是人之常情，你就无须畏缩，只需要拿出勇气和智慧来，与大老板名流交往、沟通，不断地从内在和外在两方面提升自己，一步步迈入他们的行列。

朋友多了路好走

“朋友”，词典里的解释是“彼此有交情的人”。从象形字义来看，两弯相映的明月组合，讲究一个肝胆相照，同心相契。随着时代的发展，经济活动的扩大，社会交往的增多，人们越来越多地需要朋友的友谊，他们都知道朋友这个词的分量。梁实秋先生说：“只有神仙与野兽才喜欢孤独，人，总是需要朋友的。”何况是漂泊流离在小家庭外，为了人生之旅艰难地奋斗、发展事业的人。重人情、讲义气，是大部分中国人毫不怀疑的国民优点。

谈及朋友的作用，大概最常用的一句话就是“多个朋友多条路”了。朋友嘛，是彼此间有交情的人，待人处事自然会为你着想，为你出谋划策，为你分忧解难……交情再深厚一点儿，成了“哥们儿”“老铁”，说不定还会为你“两肋插刀”呢！为朋友“两肋插刀”，不正是朋友之间讲义气、够哥们儿的最充分、最具体的表现吗？所以说，“多个朋友多条路”是最起码的事情，说不定“多条路”之外还会多点儿钱财，多些实惠，都是免不了的。这样看来，结交朋友，可以说是多多益善。

不论对上对下，对内对外，良好的人际关系有时就是一笔巨大的投资，必然会在你需要的时候给你丰厚的回报。

在许多人的心目中，商场就是战场，充满着尔虞我诈、你死我活的斗争，根本没有什么人情好讲。其实不然，要想在商场上不被淘汰掉，你就必须懂得广交朋友，善于用“情”，它会给你带来意想不到的收获。

“红色资本家”王光英就非常善处人际关系，这使他的生意也充满了人情味儿，并且获益匪浅。

王光英领导下的光大公司有很多外国朋友。其中，有外国的副总统、财政部部长、王子，还有鼎鼎大名的美国前国务卿基辛格和日本首相竹下登。

光大公司刚刚成立，王光英马上就想到，应利用基辛格的特殊身份和国际影响，推动光大公司一开张就能走向世界。于是，他便向基辛格发出了邀请。基辛格欣然应邀，当他听到王光英“凡有利于中美友好的，我都做；凡不利于中美友好的，我都不做”的许诺时，基辛格也允诺：“那么，今后你要我办事，我不要你的钱。”以后，基辛格多次访问光大，为光大快速地与世界各国建立广泛的联系起到了很重要的作用。

此外，王光英与日本首相竹下登也有着很好的私下交情。由于这种交情，竹下登就任首相后，特地对当时日本驻华大使中岛说：“中国有个王光英。你得去看看他，问一问我们日本人能不能在什么事情上为他效劳。”三菱信托银行在华投资，其中对光大公司的投资在中国数第一。这是王光英用人情做生意的有效证明。

王光英非常重视私人友谊的建立和维持。他常常做出一些超越公务关系、表示私人友情的举动。竹下登刚当上首相时对王光英说，竞选实在太紧张，突然秃发。记在心上的王光英回国后，马上买了 20 瓶毛发再生精送给竹下登。此外，他还送给竹下登一件中国瓷雕，在一只瓷盒上刻了竹下登的照片。他说："这些礼品并不贵重。它只表示情意。"王光英称之为"动脑筋的礼品"。

王光英不但重视与上层人物的交往，与普通客人同样是有情有义。

一次，王光英接待了一位从西德来光大公司谈生意的人。飞机到达时恰逢大雨，那位客人浑身湿透了。王光英一见，立刻叫人把那位商人的衣服弄干，烫平，10 分钟内送还。

王光英说："买卖不成人情在。这是中国老工商业家的法宝之一。生意人要讲究商业渠道，但同时必须讲究人情渠道。有时人情渠道比商业渠道更重要。板起面孔，硬碰硬，打官腔，一定做不好生意。我是商场中人，不是官场中人。俗话说商场如战场。但商场毕竟不是战场。商场要用心、用情。有时你的一丝友情，其效果往往会比发动一个装甲师还灵。"

扩展你的人际网络

好莱坞有一句很流行的话：成功，不在于你知道什么或做什么，而在于你认识谁。的确，人脉对于一个人的事业成败而言，极其重要。人际关系专家卡耐基曾经说过："一个人快乐与否，85%来自如何与他人相处。"人是群居动物，人的成功来自他所处的人群，所在的社会。人脉就是生产力，人脉就是生意人赖以生存的钱脉。

1. 要善于与人攀交情

要建立好人缘，织起一张人际关系网，你就必须积极主动。光有想法是不够的，必须将它化为行动。不要等待，一味地等待只能错失良机，你若要建立良好的人际关系，应该积极地一步一步地去做，没有什么不好意思的。

人们在各个场合有许多接触他人的机会。如果你想接近他们，让他们成为人际关系网中的一员，那么你必须付出努力。假如你到了一个新的环境里，如机关、企业、学校等，在彼此都不认识的时候，你要主动"出击"，以真诚友好的方式把自己介绍给别人。

如果你想多结交一些朋友，你就需要主动地了解对方的兴趣爱好。你可以通过多种方式去得到他们这些方面的信息，你要注意与其相处时积累一些有关的情况，你可以通过他的朋友了解他的为人处世，也可以通过他的一些个人材料了解他。

"独木难支大厦"，朋友在关键时候帮你一把，可能会直接导致你事业的成功。所以，要时刻注意能结交朋友的好机会，你对此必须有所准备，因为机遇是一件捉摸不定的东西，但它又偏爱有准备的头脑。

比如，有朋友请你去参加生日聚会、舞会或者其他活动，你不要因为自己手头事忙而懒得动身，如果不是十分要紧的事，应立即动身，因为这些场合是你结交新朋友的好机会。又如新同事约你出去逛逛商店或者看场电影什么的，你最好也不要随便拒绝，这也是一个发展关系的好机会。

不过，你也不要以为机遇会像一个到你家来的客人，它在你家敲着门，等待你开门让它进来。许多失败者常常以自己没有好机遇为借口，这只能使他们再次尝试失败的痛苦，殊不知，人际关系中的机会也需要自己去创造。

如果你想和刚认识的朋友进一步发展关系，你可以请他们到你家做客；如果你想追求一位异性朋友，你更得挖空心思寻找机会和借口跟她或他接触。又如你想和多年未见的老同学重温旧情，回首往事，你可以试着组织一次同学会。

人与人之间接触越多，彼此间距离就可能越近。这跟我们平时看一个东西一样，看的次数越多，越容易产生好感。我们在广播、电视中反复听、反复看到的广告，久而久之在我们心中留下印象就深刻。所以，交际中一条重要原则就是：找机会多和别人接触。

如果要成功地找到一个与人接触的机会，你必须对对方的信息、生活安排有所了解。从这些信息出发，再确定如何跟对方接

触。如果打个电话，对方不在，或者去找他时他正好很忙，这样就白费力气了。因此，详细把握对方的工作安排、起居时间、生活习惯，瞄准对方最想找人聊天或者最需要的时候去打交道，很容易获得成功。

一旦和别人取得联系，建立初步关系之后，你还不能放松，最好抓住机会深入一下。交际中往往会有两种目的：直接的和间接的。直接的无非就是想达到某项交易或有利事情的解决，或想得到别人某方面的指导。如果并不是为了解决某个问题，或者为了某种利益关系，只是为了和对方加深关系，增进了解，以使你们的关系长期保持下来，可视为间接的目的。无论你想达到什么目的，你最好有意识地让对方明白你的交际目的，如果对方不明白你的交际意图，会让人产生戒备心理：这人和我打交道有什么目的呢？那样就很难跟对方深入下去。

2. 维系人脉关系的秘诀

人际关系是一笔财富，善于营造和利用它，将使我们在生命中如鱼得水、如虎添翼……

今天的生活压力太大了，人人都需要友谊的滋润。正因为如此，所以我们要学会交朋友，但是，仅仅学会交朋友还是不够的。要使自己的美好生活锦上添花，就必须要使我们的友谊之树万古长青，也就是学会交友之余还要学会保持并不断扩展自己的人际网络。

好人缘是一个人的巨大财富，也是构筑关系网的基石。有了良好的人际关系，事业就会顺利发展，生活也会如意。

人脉关系是一种感情的凝聚和利益的融通。有了关系也就有了路子，有了利益，有了种种随时可以兑现的希望。所以寻常百姓重关系，达官显贵重关系，生意场上的生意人也同样看重关系。每个人的人脉关系都不一样，如何拓展自己的人脉网络？许多书籍都谈到增进人际关系的种种技巧和方法，有如下要点，以供参考。

要拓展人际网络，就要下定决心不断结交新朋友。

充分利用个人际遇。将现有的亲友、同事，以及业务上有来往关系的人，列入备忘录，并勤加联系。

学习正确的社交礼仪和应对之道。

选读一门人际沟通课程，或者找出这方面的名著自修。

参加各种社团，或者通过担任义工方式走入人群。

以志趣会友，如加入读书会、登山社、球友会，以及其他主题性聚会及活动。

举办小型聚会，并一定要邀请新朋友与会。

定期与家人聚会。

学习主动与人交谈的技巧，即使是同舟同车的陌生人。

观察他人如何与人沟通，并学习社交名人的行为举止。

利用电脑网络系统交友。

发动同事间的休闲活动，以增进情谊。

除了这些实际有效的行动之外，更别忘了人际沟通的要点，如善于倾听的能力、表达的能力、排难解忧的能力，以及共谋合作的能力等。

说服他人的技巧

说服他人的技巧是一种艺术，对人际交往有重要实用价值。生活中常常有种情况，同一个道理，甲说未必引起人们有多大反响，而乙说却令人茅塞顿开，心服口服。显然这是说服艺术的效应。

依据时间、场合、对象不同，说服方法也各异。

1. 避免与他人争论

在日常生活中，寸步不让的争论方式是不合适的。争论的双方都相信自己的想法是绝对正确的，力求自己的胜利。其实，争论是不可能胜利的。纵使对方输了，自己也不等于赢家。若你能完全击败对方，由于被辩倒的人自尊心受挫，心怀怒火，结果你也输了。

富兰克林曾说："在争论或反驳中，也许你赢了对方，但那样的胜利也是空虚的。因为，你绝对无法赢得对方的好感。"经验也表明，不论你的智商多高，学问如何渊博，以争论说服对方都是困难的。

过去你伤害过谁，也许早已忘记了，可是被你伤害过的那个人却永远不会忘记你。他决不会记住你的优点，而是会记住你对他的伤害。

发生误会时，争论是解决不了问题的，决不要为了陶醉于个人的胜利而去与人论个高低。在交往中切不可"得理不让人"，要学会有理让三分；给别人留点面子。这样做，并不会失去什么，反而会得到更多，忍一忍风平浪静，让一让海阔天高。俄国文学家屠格涅夫劝那些刚愎自用好争吵的人，在说话前把舌头在嘴里转十圈，以缓和争论。

2. 尊重被说服者，避免他人反感

应该多用讨论或提问方式说服人，不要涉及人的品格和道德行为问题。批评人要留有余地，不要揭短，不要用带有绝对意味的字眼代之以“我的意见是……”“我想这样会更好些”等。在言语中更应避免“你必须”“你应该”这样的语词，多用商讨的口气，这样会使对方在不知不觉中能客观地看待自己，避免情绪障碍。

有一位男士非常善谈，在一次与他人结伴同行时，在滔滔不绝的谈话中，每讲一两句话，就要附上一句“你知道吗”使得对方很不高兴，但出于礼貌，还是和他交谈了几句，但这个人还是不断地说：“你知道吗？”结果对方实在不耐烦，索性回他一句：“我不知道。”交往不得不在尴尬中中断。这个人或许把“你知道吗？”视为口头语，并未引起自己的注意。可事实说明，凡是常使用“你知道吗？”“你懂吗？”“你应该”“你必须”等字眼的，非但很难起到说服人的效果，而且还会引起别人的反感。

用“强攻”的方法说服人也很难奏效。特别是在他人对你怀有敌意，又是在情绪激动，缺乏抑制力时，不如暂时停止对话，以后再说。

说服别人，其目的是让对方接受你的观点，能按你的意图行事。在说服的过程中，不能只是认为自己的理由充分，也要尊重

对方的意见，以谦逊、温和的态度交谈。既指正对方，又必须让对方觉察到你的体贴。苏格拉底对他的学生说过这样的话："我一生只了解一件事，那就是我什么都不了解。"这句话可以启示人们，要尊重他人，不要为教导别人而教导别人，要以讨论的方式去说服人。

3. 以同情的态度倾听他人的表述

哲学家卡尔·罗迪思曾在其所著《积极的倾听法》里提道："当你想把自己的意见传达给对方时，必须把握对方的观点，而并不是站在自己的立场上去考虑对方的发言。必须要和对方一起考虑，要做一个善听人话的人，必须知道在某种情况下，什么话该说，什么话不该说。"

几乎每个人都希望表述自己，获得他人的同情。小孩子会急不可待地把腿上的伤口展示出来，让别人看；成年人也喜欢把遇到的困难讲给别人听。说服别人，也应该听取他人的表述，并以同情的态度，关怀被说服者。

"难怪你有这种想法，如果换了我，我也会这么想的。"以这样体谅人的语句作为工作的开场白，会使激怒地对方将怒气平息下来。如果是急于求成，急功近利，喋喋不休地说教，毫不顾及被说服者的观点和意见，只能让相互对立的局面僵持下去。

4. 不强加于人

在生活中，每个人都觉得自己的意见比别人强加的意见更宝贵。因此，把自己的意见强加于人是会让人不舒适的。在说服他人的过程中，给对方一些暗示，再由对方自己得出结论，这才是可取的办法。

诚信：你我共同的目标

1. 信用是金

香港超人李嘉诚，在创业初期资金极为有限。一次，一位外商希望大量订货，但他提出需要富裕的厂商做保。李嘉诚努力跑了好几天，仍一无着落，但他并没有捏造事实，或是含糊其词，而是一切据实以告。那位外商深为他的诚信所感动，对他十分信赖，说："从阁下言谈之中看出，你是一位诚实君子。不比其他厂商做保了，现在我们就签约吧。"

虽然这是个好机会，但李嘉诚感动之余还是说："先生，蒙你如此信任，我不胜荣幸。但我还是不能和你签约，因为我资金真的有限。"外商听了，极佩服他的为人，不但与之签约，还预付了货款。这笔生意使李嘉诚赚了一笔可观的钱，为以后的发展奠定了基础。由此，李嘉诚也悟出了"坦诚第一，以诚待人"的道理，并获得了巨大成功。

2. 成功的秘诀是诚信

现代商业社会商家对合作伙伴最关心的是什么？是诚信！根据最新的调查，在选择供应商的时候，买家最看重的是供应商的

信誉，其次才是产品质量、公司规模和产品的价格竞争力等因素。可见，诚信在整个商业社会中是重中之重。

3年前，叶明先生只是一个做副食生意的小商贩，但现在他已是一家房产信息咨询有限公司的总经理。公司注册资产达71万元，旗下拥有7家直属店、20多家加盟店。谈起创业的经历，叶明说，成功来自诚信。

1999年，叶明开了一家房产中介所，但收益不大。一次偶然的上海之旅让他看到两地房地产中介业的差距，上海规范成熟的房地产中介市场给了他很大启发。

2000年11月，叶明将仅有的房子抵押，东拼西凑了20万元资金注册了一家房产咨询公司，由此开创了一条新的经营道路。

为打出“诚信”牌，叶明首先建立了较完善的服务系统，为客户建立档案，进行长期的回访。他还要求员工对每次的租赁、交易都做详细的记录，规范操作，以取得客户的信任。

一次，一位客户急需买台北路上一套价值5万元的两居室，叶明一天中带着客户跑了80多个楼层，几经周折终于让客户满意。还有一次，在买卖双方都已经谈妥的情况下，卖方却突然单方面撕毁合同。为了公司诚信为本的声誉，在卖方还没有交违约金也没有得到卖方任何答复的时候，叶明先垫付了违约金，保护了公司诚信为本的声誉。叶明说，公司损失一点钱是小事，而诚信的名誉却是大事。

行动带你穿越低谷

“行动”是建功立业的秘诀之一。“播下一个行动，你将收获一种习惯；播下一种习惯，你将收获一种性格；播下一种性格，你将收获一种命运。”伟大的心理学家与哲学家威廉·詹姆斯这样说过。无论何时，当“立即行动”这个警句从你的下意识心理闪现到有意识心理时，你就该立即行动。

做一个行动者！不要翻来覆去、犹豫不决，而要快速理清头绪，开始行动。只有这样，成功才会最大限度地垂青于你，你的技能和判断力才能得到锤炼！

1. 行动马太效应

马太效应这个故事来自《圣经》：

有一位贵族，出国前，把三个仆人叫到跟前，根据他们的才能大小分别给了一些银子，要求他们自行选择应用这些银子的方法。

一年后，主人回国了，三个仆人依次汇报情况。

第一个仆人说：“主人，你给的 8000 两银子，我已用它从事大米生意，一年下来又赚了 1 万两银子。”主人决定安排更多的事情让他去管理。

第二个仆人说：“主人，你给的 5000 两银子，我已用它从事酱油生意，一年下来又赚了 5000 两银子。”主人决定让他去继续管理以前的事情。

第三个仆人来到主人面前，毕恭毕敬地打开整整齐齐的手绢说："主人，你给我的2000两银子还在这里，为了不至于花掉它，我把它埋在了地里，你一回来，我就把它挖了出来。"主人一听，脸色沉了下来，"你真是又蠢又懒的家伙，一年来，你白白浪费了我的银子。"主人一生气便夺回了银子并且立即交给了第一个仆人，然后对三人说："凡是有的还要加给他；没有的，连他所有的也要夺过来。"

行动马太效应的例证我们可以随手拾起：比如一个体育新星，从市级、省级到全国乃至世界冠军，行动中流过的汗水一年比一年多，自然，这种行动后带给自己的荣誉和收获也会一年比一年多。

一个大学生从大一开始，一年又一年地学习、一年又一年地付出，一年又一年地行动才可以由学士成为硕士乃至博士，自然，走上社会之后得到社会的认可程度也就不一样。而那些不愿付出行动的大学生是注定成不了大器的。

一个科学家随着他行动的不断累积，他的科研成果会在不断普及中福及更多的人，自然他获得的回报也就越来越多。世界"杂交水稻之父"袁隆平，一直在行动中，默默无闻地进行科研，随着他研究的优质杂交水稻在全国乃至全世界的推广普及，他的知名度越来越高，有些机构评估"袁隆平"的名字这个品牌价值已达1800亿人民币。

行动马太效应在任何人身上都在发生着作用，只要你愿意行动，行动马太效应也可以在你身上发生作用。

现实和事实都有证明，任何空想是没有用的，任何完整的计划和优秀的天赋只有通过行动才能显示其优越性。

2. 以小见大

跻身世界500强的戴尔刚开始创业时，只有1000美元的资本；个人财富排名世界第一的比尔·盖茨当初开始创业时，也仅投入1000美元的资本。不在于本钱小，只要你做得好，每一个小买卖里都蕴藏着无限的商机，任何小事都包含着做成事的种子。四川打工族用卤鸡蛋在全国许多城市启动新市场，就是一个例证。

2002年春节以后，一些四川人在一些大小城市用移动销售的方式来销售卤鸡蛋。每人推一辆自制的小推车，小车非常简单，四个小轮子上搁放一块木板子，板子上面放一大铝锅，锅里放着不断冒气的热鸡蛋，穿街走巷，喊着四川口音的“正宗卤鸡蛋，一块钱三个，味道好得很”。就是这么一个不起眼的模式，却让这种特色逐渐变得像新疆羊肉串那样，小有名气，而且在全国迅速扩张。遍布各地从事四川正宗卤鸡蛋的人已有数千人。

小本经营创出了奇迹。这些人的创业启动成本只有200元左右，但很多人一天能销几百个鸡蛋，靠近旅游区的甚至能销售1000个以上，每个只有几分钱的利润，却每天能够获得30多元到100多元收入，而且风险很小。

不要以为非得有大量的资金才能创业，资金固然重要，但你更需要一个创业的头脑和创业的精神。

Ai
Ps

第九章

走出低谷：做压不倒的英雄汉

事业的成功并不是最美的，最美的是能在逆境中，继续奋斗努力的精神。成功只是那些努力的一个成果而已。人生对我们而言，绝非有求必应，纵然有天从人愿之时，但毕竟很少，因为顺境者少，逆境者多。

要超越自我，首先是要超越自尊。自尊是自我实现的起点和第一颗种子。自尊心同人生价值的实现有着直接的关系。积极的自尊心有助于调动和激发人的内在潜能，是使人奋发向上的直接动力，消极的自尊心则有碍于人生的奋斗。

挫折压不倒的英雄汉

人的一生中，艰苦磨炼往往是他终身的财富，自强不息往往是他出色的资本。自强不息的精神，首先是一种自力更生、艰苦奋斗的精神。

1. 面对挫折不弯腰的海王集团老总张思民

海王集团的老总张思民，刚创业时开办的一个工厂就设在深圳南山区一个偏僻的荒山上，全部员工都住在山下一个招待所里。这里与其说是一个工厂，倒不如说是一个“家庭作坊”；初期没有工人，连“董事长”“总经理”带家属在内，一共只有7个人，每个人都是身兼数职，张思民任总经理，既要负责管理、科研、生产、营销等工作，也要负责人事、后勤等事务，甚至还要干些烧饭、洗碗、打扫卫生之类的活儿。司机一人既管运输，还兼采购、接待、传达、勤杂等工作。

每天，张思民带着手下一帮人马手提铁锤来到海边，向渔民收购牡蛎，然后用铁锤将牡蛎壳敲碎，取出肉漂洗干净带回工厂提炼加工。

这帮人马，有几人是初出茅庐的大学生、研究生，另有几人是招聘来的科研人员，还有几个是随同丈夫来到深圳闯天下的家属。员工的家属下班不是忙着操持家务、照料孩子，而是赶到海边，一齐加入洗牡蛎的行列。

提起这段创业史，张思民回忆说：“那时条件确实很艰苦，每天都得干 17 小时，累得连站着都能睡着。吃的就更惨了，公司没有食堂，只好大家轮流做饭，做饭都图省事，常常是一大桶面条拌上油盐酱醋就是一顿。当时大家都是 20 来岁的小伙子，正是饭量大的时候，面条这东西水分大，饱也是虚饱，常常是刚吃过不久肚子又咕咕乱叫。饿得不行，有人就把加工剩下来的牡蛎，从壳上抠些残留的肉生着吃，结果拉肚子的人接连不断。”

正当金牡蛎的试制按部就班进行之际，一个突然的变故差点就断送了张思民的前程。原和深珠公司合作开发金牡蛎的珠海那家公司突然决定，撤走其全部资金和技术人员，另行开发新产品。

这对踌躇满志的张思民来说无异于当头一棒。试制眼看就要成功，机器已安装完一半，所投入的资金又全都是贷款，要是公司夭折，他张思民就是赔上身家性命也还不清。

在公司内部，张思民则来了个紧缩开支的紧急措施，声称每一分钱都要严格控制。一次，公司需要购买几双拖鞋，计划报到了张思民处，平时“潇洒大方”的张思民这时也不敢擅自做主，连忙召开董事会，对于购买 8 双还是 10 双，两名装修工该不该给一双进行了讨论，最后决定大胆破一次例，购买 12 双拖鞋。

回忆这段艰难的日子，张思民至今仍颇多感慨。他开玩笑道：

“那情景就像 20 世纪 60 年代，人家一下把专家、资金撤走，留下一个烂摊子，让你上上不得，下下不得。以前我们每天干活 17 小时左右，虽然很累，但心里甜。那段等待上马的时间也是每天 17 小时左右，没活儿干，但睡也睡不着，只好一支接

一支地抽烟，嘴巴都抽苦了，心里还是觉得渺茫。”

一个月以后，青岛海洋研究所的科研人员来到了深圳，金牡蛎研制工作继续进行，半年后第一批产品试制成功，比退出的那家公司研制速度快了3个月。

随着金牡蛎的研制成功，张思民把他的公司正式更名为海王药业有限公司，第一年销售额就突破千万元。公司逐渐向集团化过渡，海王集团在一个硬汉子的带领下步入辉煌。

2. 即使再难也要超越自我

一般而言，人的自我意识根深蒂固，要想挖掘潜能，就必须超越自我，主要表现在对自尊与自卑、成功与失败以及名利的超越等方面。

超越自我、铸造新我市成为出色人才的一个扬弃的过程。

人只有在科学的意义上“看透”了人生，“看透”了社会，才能不断扬弃自身，不断达到新的高度。

要超越自我，首先是要超越自尊。自尊是自我实现的起点和第一颗种子。自尊心同人生价值的实现有着直接的关系。积极的自尊心有助于调动和激发人的内在潜能，是使人奋发向上的直接动力，消极的自尊心则有碍于人生的奋斗。

心理学家告诉我们，自尊心是人的自我意识的重要组成部分，它指的是一个人对自我的情感体验，对自身所持的态度，这种态度往往伴随着或好或差的自我评价。我们常说一个人必须有自尊心，实际上是指一个人对自己必须有合理的态度和正确的自我评价，即要尊重自己的人格，珍视自己的权利和义务，爱惜自己的荣誉，维护自己的尊严等。人的自尊心具有两重性，它既是一种获得性需要，又是一种防御性需要。作为前者，它的表现是外向的、开放的、进攻性的，是人取得成功的动力；作为后者，它的表现则是内向的、收缩的、防御性的。它又表现为虚荣心、自卑心和嫉妒心。当然，在一定条件下，防御性的自尊要求可以转化为获得性的自尊要求。

古今中外不少思想家都说过，人最难战胜的敌人是他自己。战胜自己，最困难的可以说是对自尊需要的超越。但即使再难，下定决心要创造辉煌的人也会努力实现这种艰难的自我超越。于是，他们在痛苦中更新，在羽化中实现了人生的成功。

低头亦是一种能力

被称为美国之父的富兰克林，年轻时曾去拜访一位前辈。年轻气盛的他，挺胸昂首迈着大步，进门撞在门框上，迎接他的前辈见此情景，笑笑说："很疼吗？可这将是你今天来访的最大收获。一个人活在世上，就必须时刻记住低头。"

无独有偶，有人问过苏格拉底："你是天下最有学问的人，那么你说天与地之间的高度是多少？"苏格拉底毫不迟疑地说："三尺！"那人不以为然："我们每个人都五尺高，天与地之间只有三尺，那不是戳破苍穹？"苏格拉底笑着说："所以，凡是高度超过三尺的人，要长立于天地之间，就要懂得低头。"

大师们提到的"记住低头"和"懂得低头"之说，就是要记

住不论你的资历、能力如何，在浩瀚的社会里，你只是一个小分子，无疑是渺小的。当我们把奋斗目标看得更高时，更要在人生舞台上唱低调，在生活中保持低姿态，把自己看轻些，把别人看重些。富兰克林就从中领悟到深刻的道理，并把它列入一生的生活准则之中。

其实，我们的生活又何尝不是如此。自认怀才不遇的人，往往看不到别人的优秀；愤世嫉俗的人，往往看不到世界的美好；只有敢于低头并不断否定自己的人，才能够不断吸取教训，才会为别人的成功而欣喜，为自己的善解人意而自得，才会在挫折面前心安理得。

当你从困惑中走出来时，你会发现，一次善意的低头，其实是一种难得的境界：低头亦是一种能力，它并不是自卑，也不是怯弱，它是清醒中的一种嬗变经营。

如果把我们的人生比作爬山，有的人在山脚刚刚起步，有的正向山腰跋涉，有的已信步顶峰，但此时，不管你处在什么位置，请记住：要把自己放在山的最低处，即使“会当凌绝顶”，也要会低头，因为，在你所经历的漫长人生旅途中，总难免有碰头的时候。

低头亦是一种能力。有时，稍微低一下头，或许我们的人生路会走得更精彩。

人要在挫折中激励自己

在体育比赛中，我们经常可以看到这样的镜头，当运动员发挥不佳，成绩不理想时，教练或队友会走过来拍拍他的肩膀，轻声安慰几句，鼓励他稳住情绪，好好发挥。

为事业而奋斗的人们常常会遇到这样那样的困难，困难会使他们受到挫折和打击，使他们产生失败感、自卑心，这不利于他们实现自己的理想。然而，只要他们善于激励自己就可以及时地调整自己的精神状态，从困难的阴影里走出来。

激励是一种积极的心理暗示，会对事业的成功产生积极的影响。你不妨试试每天早上朝着镜子对自己说："我是一个有用的人，我有极高的才能和天分，我有健康的身体与坚毅的精神，对他人富有同情心，我具备如此多的优点，绝不可能不获成功的。今天我一定会遭遇好运，因为清早起来我就感觉非常愉快，对于工作我一定积极去做。"

假若每天清晨醒来时；能够把以上的话重复3遍，那么你一天的精神就会格外充沛。这些话，你不妨在洗脸的时候，对着镜子说三遍；等到进入办公室时，再有力地重复，并且加上一点身体动作。

你越是重复说这样的话，一股无形的力量便会激发你心底的潜能，使它充满你的全身，这是一种非常奇妙的作用。由于镜中呈现的是自己的具体形象，因此更可以感觉出自己的坚强和信心。

古印度莫卧儿皇帝在一生中也经历过许多次失败。有一次他不得不在一个马槽里躲避敌军的搜捕。作为一国之统不得不躲在马槽里，他越想越丧气，简直忍不住要冲出去放弃自己的生命，就在这时，他看到马槽里有一只蚂蚁艰难地拖着一颗玉米粒试着爬过一道看来它不可能过去的坎。已经是第六次了，蚂蚁从坎上翻滚下来，但小小的蚂蚁似乎没有意识到困难的巨大，他又一次衔起玉米粒爬了上去，终于成功地翻了过去，莫卧儿从中受到巨大的鼓舞，脱险后他再一次招集军队，不屈不挠地与敌人斗争，终于建立了中世纪最后一个横跨欧亚非的帝国。

有些人把失败总推给命运不济，认为那是命运的安排，实际上，世间没有神主宰人们浮浮沉沉的命运，人若自败，必然失败。

许多具有真才实学的人终其一生却少有所成，其原因在于他们深为令人泄气的自我暗示所害。无论想做什么事，他们总是胡思乱想着可能招致的失败，总是想象着失败之后随之而来的羞辱，一直到他们完全丧失创新精神或创造力为止。

尽管有一些人抱怨他们的环境这也不行那也不行，没有机会施展自己的才华，但是，就是在相同的条件下，也有一些人却设法取得了成功，使自己脱颖而出，天下闻名。

所以说，我们的幸运，或是我们自己认为的所谓“残酷的命运”，其实与我们自己有莫大的关系。我们经常看到有些能力并不十分突出的人事业干得非常不错，而另一些似乎能力更强的人的境况反不如他们，甚至于一败涂地。我们往往认为有某种神秘的命运在帮助前者，而后者身上有某种东西总是在拖他们的后腿。但是并非如此，实际上是后者的思想和心态出了问题。

故此，如果你希望自己成为英雄人物，你一定要激励自己，使你拥有无所畏惧的思想，你绝不能害怕任何事情，你绝不能使自己成为一个懦夫、一个胆小鬼。

如果你一直胆小怯懦，如果你容易害羞，那就不妨让自己确信——自己再也不会害怕任何人、任何事，那就会使你昂起头、挺起胸来。一定要痛下决心加强你个性中的薄弱环节。

对畏缩、胆怯和害羞的人来说，如果能展现出另外的神态，如果能表现出自信的样子，对他们往往大有裨益。胆怯、害羞的人不妨对自己说："其他人太忙，不会来操心我或看着我、观察我，即使他们看着我、观察我，对我来说也没什么大不了的。我将按自己的方式行事和生活。"

如果一个人显得孤僻、畏缩和害羞，那么，这种持"我是生来就要有所成就的人，我是将会有所成就的人"的态度，和一点点日常训练——培养自己承担责任的勇气和自信心的训练，无疑将会使他以令人惊讶的速度成长为一个坚强勇敢的人。

无论别人如何评价你的能力，还是你面临什么挫折，你绝不能容许自己怀疑能成就一番事业的能力，你绝不能对自己能否成为杰出人物心存疑虑。要尽可能地增强你的信心，在很大程度上，运用自我激励的办法可以使你成功地做到这一点。

形成保持自己的个性

伟大的剧作家莎士比亚曾说："你是独一无二的。"这是对个性最高的赞美。人成长的过程是一个逐步认识自我、确定自我的过程。每个人都有自己特定的个性，但并不是每个人都能认识到这一点，或者即便认识到这一点，也未必马上就能确定适合自己的那种特性。因为人生在某种程度上也是一个自我创造的过程。人是在创造自我的过程中逐步地显露个性、塑造个性和形成个性的。所以，形成并保持自己的个性并不是一个容易的过程。

那么，如何保持个性、创造魅力呢？

要积极塑造自我。人生不像草木，是一个被动的、自然而然的生长过程。人是有能动性的，人生从某种意义上来说是一个创造的过程，也就是一个创造自我的过程。所以，你一定要采取积极的态度，积极地行动，按照自己希望的来塑造自我，成为自己希望成为的那种人。人是在创造自我的过程中逐步地显露个性、塑造个性和形成个性的。

接受真实的自我。这种接受包括一切缺陷、过失、短处、毛病以及我们的优势与长处，做到自我承受。当然，你一定要明白，你的这些弱点和缺陷属于自己，但并不等于自己。有了缺点，并且知道自己的缺点，会使我们改正缺点的努力更具有针对性，也使我们自我进步的努力更有意义。

脱下面具。这个问题说起来容易，但做起来很难。在现实生活中，我们总是处在表现自己和保护自己的冲突之中。一方面，得到尊重的渴望，要求我们自我表现；另一方面，保护隐私、维护自身安全等的需要，又让我们不敢真实地展现自我。要处理好这个问题，既需要有相适应的大的社会文化环境，也需要个人的努力，用成功来证实自我，保持自我。

激情是工作的灵魂

爱默生说过："有史以来，没有任何一件伟大的事业不是因为热忱而成功的。"

每个人都喜欢与精神饱满、热情洋溢的人打交道。热情意味着生机、活力、真诚、自信、友爱、微笑，它是我们能吸引别人、打动别人并赢得别人好感的前提之一。

只有划着的火柴才能点燃蜡烛，同样，只有充满热情的人才会把自己的良性情绪传染给别人，激发对方的交往热情。在热情、自信的状态下，人们的表达能力和思维能力都明显较平时要强，所以也更容易赢得别人的信任。而一个人如果神情倦怠、无精打采、缺乏自信、唯唯诺诺，又有谁喜欢与之交往？

不论是充满热情、自信还是神情倦怠、无精打采，所有这些内心情绪、精神状态一定会反映在我们的行动和言语中。行动也就是我们所说的身体语言，它是我们给别人的视觉印象，而视觉印象在给人的总体印象中，要占据一半以上的重要性。所以，我们必须注意自己的一举一动，让自己充满创业与成功的激情。

有远大目标的人一定要培养自己的领导才能，一位名人

曾说："只有激情，巨大的激情，才能震撼灵魂，成就伟大的事业。"

休斯·查姆斯在担任"国家收银机公司"销售经理期间，该公司的财政发生了困难。这件事被负责营销的经理知道后，影响了营销人员的士气，营销人员因此失去了工作热情，销售量开始下跌，到后来，情况越来越严重。休斯·查姆斯不得不召集全体销售人员开一次大会，在全美各地的营销人员均被要求参加这次会议。

会议开始后，他首先请手下几位最佳销售员站起来，要他们说明销售量为何会下跌。这些销售员在被唤到名字后，一站起来，每个人都有一段最令人失望的悲惨故事向大家倾诉：商业不景气，奖金缺乏，人们都希望等到总统大选揭晓之后再买东西，等等。当第五个销售员开始列举使他无法达到平常销售配额的种种困难情况时，查姆斯先生突然跳到了一张桌子上，高举双手，要求大家肃静。然后他说道："停止，我命令大会暂停10分钟，让我把我的皮鞋擦亮。"随即，他让座在附近的一名黑人小工友把他的擦鞋工具箱拿来，并要这名工友替他把鞋擦亮，而他就站在桌子上不动。

在场的销售人员都惊呆了，以为查姆斯先生突然发疯了。他们相互之间开始窃窃私语。在此同时，那位黑人小工友先擦亮他的一只鞋子，随后又继续擦另一只鞋子。他不慌不忙，动作简洁利落，表现出一流的工作技巧。皮鞋擦完之后，查姆斯先生给了那位小工友一毛钱，然后开始发表他的演说。"我希望你们每个人，"他说，"好好看看这个黑人小工友。他拥有在我们的厂区及办公室内擦皮鞋的特权。他的前任是位白人小男孩，年纪比他大得多，尽管公司每周补贴他 5 元的薪水，而且工厂里有数千名员工，但他仍然无法从这个公司赚取足以维护他生活的费用。这位黑人小男孩不仅可以赚到不错的收入，不需要公司补贴薪水，每周还可以存下一点钱来，而他和他前任的工作环境完全相同，都在同一家工厂内，工作的对象也完全相同。我现在问你们一个问题：那个白人小男孩拉不到更多的生意，是谁的错？是他的错，还是他的顾客的错？”

那些推销员不约而同地大声回答说：“当然了，是那个小男孩的错。”

“正是如此。”查姆斯回答说，“现在我要告诉你们，你们现在推销收银机和此前的情况完全相同，同样的地区、同样的对象，以及同样的商业条件。但是，你们的销售成绩却比不上一年前。这是谁的错？是你们的错，还是顾客的错？”

同样传来了响亮的回答：“当然，是我们的错。”

“我很高兴，你们能坦率承认你们的错。”查姆斯继续说，“我现在要告诉你们，你们的错误在于，你们听到了有关本公司财务发生困难的谣言，这影响了你们的工作热忱，因此，你们就不像以前那般努力了。只要你们回到自己的销售地区，并保证在以后 30 天内，每人卖出 5 台收银机，那么，本公司就不会再发生什么财务危机了，以后再卖出去的，都是净赚的。你们愿意这样做吗？”

大家都说愿意。事后，大家果然都这样做了，并实现了预期的目标。

这件事情记录在国家收银机公司的历史上，名称就叫“休斯·查姆斯的百万美元擦鞋”。休斯·查姆斯以他的激情，焕发了销售人员的热情，使相同的人发挥了不同的能量。该事件扭转了销售连续下滑的局面，使公司走出了困境。

同样，本田公司是世界上最大的摩托车制造企业，可是在创始初期，公司只有一间破旧车间，员工们都看不到成功的希望，可企业的主人本田宗一郎却站在一只破旧的箱子上对众人高喊：“我们要造出世界上第一流的摩托车。”他的手下没有一个人能够相信这句话，但本田却充满信心，他也一直以这样的目标鼓舞、激励员工。本田公司的员工终于被他的热情所感动，大家齐心协力，共同朝这一目标奋斗，终于使本田的产品达到了世界一流。

抱着积极心态开发潜能

人类在本质上称得上是万物之灵。换句话说，人类具有无限发展的可能性，发展自己的潜能，也发展别人的潜能；利用万物，以创造出无穷的生机。

请看几段小故事：一位已被医生确定为残疾的美国人，名叫梅尔龙，靠轮椅代步 12 年后，出乎意料地站了起来，这不得不说是个奇迹。

梅尔龙身体原本很健康，19 岁那年，他参加越战，被流弹打伤了背部的下半截，被送回美国医治，经过治疗，他虽然逐渐康复，却没法行走。

他整天坐轮椅，觉得此生已经完结，有时就借酒消愁。有一天，他从酒馆出来，照常坐轮椅回家，却碰上三个劫匪动手抢他的钱包。他拼命呐喊拼命抵抗，却触怒了劫匪，他们竟然放火烧他的轮椅。轮椅突然着火，梅尔龙忘记了自己是残疾人，他拼命逃走，竟然一口气跑完了一条街。事后，梅尔龙说："如果当时我不逃走，就必然被烧伤，甚至被烧死。我忘了一切，一跃而起，拼命逃跑，停下脚步，才发觉自己能够走动。"现在，梅尔龙已在奥马哈城找到一份职业，他已身体健康，与常人一样走动。

另一则故事是：一位农夫在谷仓前面注视着一辆轻型卡车快速地开过他的土地。他 14 岁的儿子正开着这辆车，由于年纪还小，他还不够考驾驶执照资格，但是他对汽车很着迷——似乎已经能够操纵一辆车子，因此农夫就准许他在农场里开这客货两用车，但是不准上外面的路。

但是突然间，农夫眼看着汽车翻到水沟里去，他大为惊慌，急忙跑到出事地点。他看到沟里有水，而他的儿子被压在车子下面，躺在那里，只有头的一部分露出水面。这位农夫并不很高大，身高只有 1.70 米，体重 70 公斤。但是他毫不犹豫地跳进水沟，把双手伸到车下，把车子抬了起来，足以让另一位跑来援助的工人把那失去知觉的孩子从下面拽出来。当地医生很快赶来，给男孩检查一遍，只有一点皮肉伤需要治疗，其他毫无损伤。

这个时候，农夫却开始觉得奇怪，刚才他去抬车子的时候根本没有停下来想一想自己是不是抬得动。由于好奇，他就再试一次，结果根本就动不了那辆车子。医生说这是奇迹，他解释说身体机能对紧急状况产生反应时，肾上腺就大量分泌出激素，传到整个身体，产生出额外的能量。这就是他可提出来的唯一解释。

人在绝境或遇险的时候，往往会发挥出不寻常的能力。人没有退路，就会产生一股“爆发力”（这个农夫抬起汽车就属于“爆发力”），这种爆发力即潜能。人的潜能是多方面的：体能、智能、经验、情绪反应等。然而，由于情境上的限制，人只发挥了其 1% 的潜能。

任何成功者都不是天生的，成功的根本原因是开发了人无穷无尽的潜能。只要你抱着积极心态去开发你的潜能，你就会有用不完的能量，你的能力就会越用越强。相反，如果你抱着消极心态，不去开发自己的潜能，那你只有叹息命运不公，并且越消极越无能！

克制好自己的情绪

1. 调控好自己的情绪情感

在 20 世纪 60 年代的美国，有一位很才华、曾经做过大学校长的人出马竞选美国中西部某州的议会议员。此人资历很高，又精明能干、博学多识，看起来很有希望赢得选举的胜利。

但是，在选举的中期，有一个很小的谣言散布开来：三四年前，在该州首府举行的一次教育大会中，他跟一位年轻女教师

“有那么一点暧昧的行为”。这实在是一个弥天大谎，这位候选人对此感到非常愤怒，并尽力想要为自己辩解。由于按捺不住对这一恶毒谣言的怒火，在以后的每一次集会中，他都要站起来极力澄清事实，证明自己的清白。其实，大部分选民根本没有听到过这件事，但是，现在人们却愈来愈相信有那么一回事，真是愈抹愈黑。公众们振振有词地反问：“如果他真是无辜的，他为什么要百般为自己狡辩呢？”如此火上浇油，这位候选人的情绪变得更坏，也更加气急败坏声嘶力竭地在各种场合下为自己洗刷，谴责谣言的传播。然而，这却更使人们对谣言信以为真。最悲哀的是，连他的太太也开始相信谣言，夫妻之间的亲密关系被破坏殆尽。最后他失败了，从此一蹶不振。

人们在生活中有时会遇到恶意的指控、陷害，更经常会遇到种种不如意。有的人会因此大动肝火，结果把事情搞得越来越糟。而有的人则能很好地控制住自己的情绪，泰然自若地面对各种刁难和不如意，在生活中立于不败之地。

2. 控制情绪，适时出击

1980 年美国总统大选期间，里根在一次关键的电视辩论中，面对竞选对手卡特对他在当演员时期的生活作风问题发起的蓄意攻击时，丝毫没有愤怒的表现，只是微微一笑，诙谐地调侃说：“你又来这一套了。”一时间引得听众哈哈大笑，反而把卡特推入尴尬的境地，从而为自己赢得了更多选民的信赖和支持，并最终获得了大选的胜利。缺乏自我控制能力的人想必已经明白，你是生活在社会中，为了更好地适应社会、取得成功，你有必要控制自己的情绪情感，理智地、客观地处理问题。但是，控制并不等于压抑，积极的情感可以激励你进取上进，加强你与他人之间的交流与合作。如果你把自己的许多能量消耗在抑制自己的情感上，不仅容易患病，而且将没有足够的能量对外界做出强有力的反应，因而一个高情商的人应是一个能成熟的调控自己情绪情感的人。

第十章

走出低谷：发挥你的创造潜能

我们每一个人的身体内部都有这种天赋的能力，也就是说，我们每一个人都有创造的潜能。

不论有什么样的困难或危机影响到你的状况，只要你认为你行，你就能够处理和解决这些困难或危机。对你的能力抱着肯定的想法就能发挥出你的潜能，并且因而产生有效的行动。

发挥你的创造潜能

每一个人的内部都有相当大的潜能。爱迪生曾经说："如果我们做出所有我们能做的事情，我们毫无疑问地会使我们自己大吃一惊。"从这句话中，我们可以提出一个相当科学的问题："你一生有没有使自己惊奇过？"

在二战期间，一艘美国驱逐舰停泊在某国的港湾，那天晚上万里无云，明月高照，一片宁静。一名士兵照例巡视全舰，突然停步站立不动，他看到一个乌黑的大东西在不远的水上浮动着。他惊骇地看出那是一枚触发水雷，可能是从一处雷区脱离出来的，正随着退潮慢慢向着舰身中央漂来。

他抓起舰内通信电话机，通知了值日官。而值日官马上快步跑来。他们也很快通知了舰长，并且发出全舰戒备信号，全舰立时动员起来。官兵都愕然地注视着那枚慢慢漂近的水雷，大家都了解眼前的状况，灾难即将来临。军官立刻提出各种办法。他们该起锚走吗？不行，没有足够时间；发动引擎使水雷漂离开？不行，因为螺旋桨转动只会使水雷更快地漂向舰身；以枪炮引发水雷？也不行，因为那枚水雷太接近舰里面的弹药库。那么该怎么办呢？放下一支小艇，用一支长杆把水雷携走？这也不行。因为那是两枚触发水雷，同时也没有时间去拆下水雷的雷管。悲剧似乎是没有办法避免了。

突然，一名水兵想出了比所有军官所能想的更好的办法。"把消防水管拿来。"他大喊着。大家立刻明白这个办法有道理。他们向舰艇和水雷之间的海面喷水，制造一条水流，把水雷带向远方，然后再用舰炮引炸了水雷。

这位水兵真是了不起。他当然不凡——但是他却只是个凡人，不过他却具有在危机状况下冷静而正确思考的能力。我们每一个人的身体内部都有这种天赋的能力，也就是说，我们每一个人都有创造的潜能。

不论有什么样的困难或危机影响到你的状况，只要你认为你行，你就能够处理和解决这些困难或危机。对你的能力抱着肯定的想法就能发挥出你的潜能，并且产生有效的行动。

创新是成功的法宝

把白变成黑而令人相信是一种能力。

把白说成黑而令人相信是一种智力！

为什么杨致远在不到30岁的时候就成为世界首富？

为什么李嘉诚能够在常人都认为是低谷的时候大举进军房地产业而成功？

为什么比尔·盖茨40多岁就成为垄断世界软件行业的巨头？

年轻没有经验并不是问题，因为经验只代表过去，而不代表未来。

低学历也不是问题，因为学历代表的是系统学习和潜力，并不代表悟性。

没有背景也不是问题，因为背景代表的是资源，并不代表运

作资源的能力。

入行时间短也不是问题，因为行业时间越长代表其惯性思维越强，创新能力越弱。

因此，企业能否成功，物质资源并不是最重要的，最重要的是：企业有没有具备成就成功事业的思维！

几年前，提起万通人们或许只会想到北京阜成门地铁站边上那个小商品批发市场，现如今更多的人则会将其与万泉新新家园、亚运新新家园、新城国际等房地产项目联系起来。目前，万通已是房地产界的一个腕级公司。

“万通经过数年的探索、创业，最近几年对市场经济已经适应了，而且找到了自己发展的基点，有了更多的自信。现在回过头来看万通走过的路，得出的结论是：创新，唯有创新，才是企业成功的法宝。”万通集团董事局主席冯仑先生短短的开场白浓缩了万通 10 年的奋斗历程。

1. 寻找创新的眼光

在 1992 年年初，冯仑和他的创业伙伴们在海南组建了万通集团。这个“万通”乃有希望“万事通达”之意。当时的冯仑对房地产的理解很简单，他们的公司范围只是涉足房地产的三、四级市场。由于万通集团非常善于接受新鲜事物，因而做得有声有色。有一天，冯仑在与广东人聊天时听到了“机构按揭”，这在当时，可是一个非常新鲜的名词，后经过查词典才理解其意，于是便在海南推行起了“机构按揭”，迅速扩充了公司的经济实力。万通集团因此成了海南第一个采用机构按揭方式进行房地产交易的公司。

当泡沫经济充斥着海南房地产市场，创业不久的万通决定移师北京。到北京后，万通一方面延续着海南市场的惯性，另一方面也受到北京房地产市场游戏规则的约束，因此，当时的项目运作既有海南的遗风又有北京的印记。海南遗风就是万通已有的市场观念——创新、创业，北京印记就是适应政府部门的计划管理。当时的北京市场，国有房地产公司占主导，民营企业非常弱小。1993年，全国开始对房地产市场进行宏观调控，在北京，很少有人再开发新的房地产项目，北京华远房地产公司有意将“新世界广场”的项目转出来。万通毅然逆势而上，接下华远的项目。值得庆幸的是，当时北京的写字楼市场处于一种饥渴状态，万通新世界广场成为北京的第一个外销写字楼。如何销售呢？万通并没有专门的销售队伍。此时，创新的因子又在万通身上起作用，他们大胆地设想引入代理公司。经多方选择，万通选中了北京利达行房地产咨询公司。于是便有了万通新世界广场，创造了写字楼市场推售的奇迹，至今仍令众多发展商感叹。据说，当时北京利达行代理公司得到了近亿元的代理费。创新使万通赢得了在北京的第一次战役。

2. 突破自我设框

然而接下来开发的项目“发展大厦”和“理想世界”很不顺利，并积压了大量资金，再加上当时的万通犯了个惯性决策的失误：看着别人在东边搞赛特、燕莎，很红火，万通也在西边搞了个高档的万通新世界商场，不料人气久久不旺，经营很不理想，当时冯仑承担了很大的压力。在这种压力下，经过周密的市场调研，万

通做出了一个当时看起来非常大胆的决定，将商城改为北京档次最高的小商品批发市场，没想到，这一创新获得了空前的成功。

接着，万通总结了经验教训，提出了“不重复自己”的策略。1995年年底，万通掉转马头，发动了万通在北京的第二战役——住宅战役，开发高档住宅市场。万通彻底成为一家专业化的房地产开发公司。冯仑说，这样的定位是综合考虑了各种因素之后做出的判断：“国内的土地制度，国家的住房保障制度，高档住宅巨大的利润空间及良好的抗跌性是万通选择高档住宅的原因。”

成功的冯仑，在运作了万通新世界广场、万泉新新家园等几桩漂亮的项目之后，又和房地产界知名人士王石、任志强、卢铿等人共同发起“新住宅运动”，成立了一个房地产界的策略联盟机构——中城房网。北京万通更是中国首家驻网的房地产商，当年万通地产推出“中国城市房地产联合网”的时候，网络还是一个新生儿。1999年万通地产推出创新业务——万通住屋，由此将万通地产的创新观提升到一个新的高峰。

3. 创新让你变得出类拔萃

众所周知，模仿是国内企业的一大特点。一个新的有效的盈利模式出现后，难免出现模仿者。万通的对策是，用规模和技术来建立竞争屏障。万通除了进行网上定制、建立电子网络，还在线下提供服务，建设地面上的传统网络，其示范性门店近日将亮相北京街头。万通的住屋计划将从北京开始实施，逐步扩展到全国大中城市。

任何一个新生事物开始时都不会一帆风顺，“筑巢网”同样也遭到一些传统房地产开发商的怀疑。冯仑阐述说，人们对一个新生事物的反应就好像一个家庭中突然来了一位陌生人，不同人的反应是不同的：小孩的反应最紧张，三五分钟后就会跟客人融合得很好；大人表面上是欢迎的，但最终很难融合。所以冯仑认为，独立式住宅是受小孩欢迎的。至于大人的那种迟疑，是很正常的。冯仑将独立式住宅比喻为家中来的客人，从目前市场的反应来看，越老的开发商越反对、越迟疑，越年轻的开发商和有过国外经历的开发商越支持，而客户几乎100%赞成，这更坚定了冯仑的信念，他表示："不撞南墙不回头，撞了南墙也不回头，撞倒南墙往前走。"而且雄心勃勃"要做中国最大的独立住宅供应商"。

冯仑总说，"伟大是熬出来的"，他认为对信念的执着不能靠一时的小聪明。在遇到困难时，多数人是再选择而不是将原来的选择坚持到底，"成功者与常人的差别并不是智商而是一种毅力"。万通的这种毅力既基于对传统房地产开发商和行业的理性判断，也基于创业者的经验和创业者的性格——非常固执，这种固执会产生一种力量，使人勇往直前。

做事要尽善尽美

有一位著名的小提琴制造家，每做成一把小提琴，往往要经过不少岁月。但是，你可不要以为他太痴了，他所制造的成品现在已成稀有宝贵的珍物，每件价值万金。可见世上任何宝贵的东

西，如果不付出全部精力，不千辛万苦地去做是不能成功的。做事尽善尽美，不但能够使你迅速进步，并且还将大大地影响你的性格、品行和自尊心。任何人如果要想成功，就非得坚持这种精神去做事不可。

一个追求完美的人，一定会有一个美好的未来。从小就生活在美国宾夕法尼亚小山村里的查理·斯瓦布，曾经是一个卑微的马夫，但他后来竟成为美国一位著名的企业家。

查理·斯瓦布小时候的生活环境非常贫苦，他只受过短时间的学校教育。从 15 岁起，就在宾夕法尼亚的一个山村里赶马车。

为了走出封闭的小山村，两年后他才谋得另外一个工作，每周只有 2.5 美元的报酬。可是他仍无时不在留心寻找机会。

不久又来了一个机会，他应某工程师的招聘，去建筑卡内基钢铁公司的一个工厂，日薪 1 美元。做了没多久，他就升任技师，接着升任总工程师。到了 25 岁时，他就当上了那家房屋建筑公司的经理。又过了 5 年，他便兼任起卡内基钢铁公司的总经理。到了 39 岁，他一跃升为全美钢铁公司的总经理。现在，他是伯利恒钢铁公司的总经理。

如果你说查理·斯瓦布太走运了，你就错了。

查理·斯瓦布之所以取得了成功，是与他在每件事上追求完美分不开的。

每当查理·斯瓦布获得一个新的位置时，他总以同事中最优秀者作为目标。他从未像一般人那样抛开现实，想入非非。那些人常常不愿使自己受规则的约束，常常对公司的待遇感到不满，甚至情愿彷徨街头等待机会来找他。

因为查理·斯瓦布知道一个人只要有决心，肯努力，不畏艰难，他一定可以成为成功的人。他的一生就像一篇情节曲折的童话，我们从他一生的成功史中，可以看出努力劳动的伟大价值。他做任何事情总是十分乐观和愉快，同时要求自己做得精益求精。因此，有些必须考究一点的事情，非由他来处理不可。他做事总是按部就班，从不妄想一跃成功，他的升迁都是必然的。

宽容成就了人生

宽容对人来说，并不是生命里可有可无的点缀，而是不可或缺的阳光和水源。宽容意味着无私的给予，给予却能使自己变得更加丰富；宽容也意味着善待别人，善待别人的同时也善待了自己。

宽容具有神奇的道德内化力量，它能让邪恶的灵魂变得善良，让浪子回头金不换。有这样一个故事。

一位修行的禅师，看到自己的茅屋遭到小偷的光顾，他知道小偷一定找不到任何值钱的东西，就把自己的外衣脱掉拿在手上，对小偷说："你走这么远来探望我，总不能让你空手而归吧，夜凉了，你带着这件衣服走吧！"小偷穿着外衣，消失在月色中，禅师不禁感慨地说："可怜的人呀！但愿我能送一轮明月给你。"第二天，看到他披在小偷身上的外衣被整齐地叠好，放在门口，禅师非常高兴地说："我终于送了你一轮明月！"禅师的宽容心，感化了小偷的灵魂。

宽容是一种美德，它像催化剂一样，能够化解矛盾，使人和

睦相处。歌德有一天到公园散步，迎面走来一个曾经对他作品提出过尖锐批语的批评家，他站在歌德面前高声喊道："我从来不给智力障碍者让路！"歌德却答道："而我正相反！"一边说，一边满脸笑容地让在一旁。歌德的幽默和宽容避免了一场无谓的争吵。相反，如果人没有宽容之心，处处地方容不得人，只能增加自己的烦恼。

作为中国最大的信息本地化服务机构，交大铭泰软件有限公司创造了三个第一：国内第一个通用软件上市公司，亚洲首只"信息本地化概念股"，2004 年香港股市第一家上市企业。

1997 年 9 月，在不到 9 平方米的地下室，何恩培与 4 位志同道合者开始创办北京铭泰软件开发有限公司。最后发展成为以开发、销售技术创新性强的翻译软件（东方快车）、播放软件（东方影都）和网络软件（东方三王、东方虹）而被业界誉为"东方三强"的大型旗舰式通用软件企业——交大铭泰。说到成功时，少帅何恩培说：是宽容成就了我。

铭泰公司成立后，主要从事研究、开发及销售四大系列软件产品，其中以翻译软件为主，其余则包括信息安全软件、互联网应用软件及娱乐软件。1998 年 6 月，何恩培从实达集团引进 600 万元资金，开发出第一个产品《东方快车》，并将公司更名为实达铭泰（北京）软件公司。说起那段快速发展的日子，何恩培最不能忘怀的是那场《东方快车》生死战。

在《东方快车》出来之前，南京月亮公司在汉化翻译软件市场中独占鳌头，该公司的《即时汉化专家》在这方面是老大，没人能与之叫板。何恩培苦苦思索，怎样才能让他的《东方快车》

一炮打响？经过慎重考虑，何恩培决定与《即时汉化专家》叫板。第一步他采用了“三个一”战术：集中火力猛攻一个媒体即《电脑报》，因《电脑报》在IT圈是发行量最大的报纸；集中精力占领一个城市即北京，北京作为中国IT大本营，其软件销售量占全国一半以上；搞活一个代理商即“联邦”，因“联邦”是软件销售的主渠道，占整个中国软件销售的40%左右。与此同时，他还参加各种展示会，并让消费者当场感受、免费使用自己的产品。

《东方快车》的销售势头越来越好，并冲到销售排行榜第一。这下，南京月亮公司慌了，赶紧在技术上升级，但为时已晚。最后南京月亮公司采取了降价策略，何恩培的应对措施不是让自己的产品跟着降价，而是另辟蹊径。恰在这时，中国遇到了1998年特大洪水灾害。何恩培决定展开一场“洪水无情人有情”的软件义卖活动：凡是在中国红十字会捐款10元以上的人，凭捐款单都可以用48元买到一套原价160元的《东方快车》软件，比《即时汉化专家》还便宜10元。这样既援助了灾区，又给了消费者实惠。

《东方快车》知名度大升，一举成为中国翻译工具软件市场的首选品牌。谈起这段往事，何恩培深有感触：是善心让我占有了较大的市场份额。

南京月亮公司的撤退方式是突然消失。何恩培对对方怀有恻隐之心，决定去找这对夫妻创业者，帮帮他们。何恩培通过各种复杂的关系，终于和他们联系上了。何恩培说：“你们的突然消失是对用户不负责任，希望我能替你做所有客户的售后服务。”对方好半天没有说话，随后便将电话挂了。后来，那位先生选了

一个地方，让他去南京见面。当时，公司的同仁们都有疑虑，因为是自己将对手打倒的，担心会遭到报复或是中了对方圈套。但何恩培还是去了。

3 天后，《即时汉化专家》在报纸上刊登广告，申明所有用户的售后服务都由何恩培负责。业界人士不得不叹服：既为对方解了围，又扩大了用户群。何恩培说，商战并不意味着伤害对手，我最初的动机只是因为恻隐之心，是宽容之心成就了我。

对于未来，何恩培说要立志使交大铭泰成为翻译行业的联想和戴尔，到 2008 年做到销售额 10 亿元人民币。他说："我最大的成就感就是带领别人去成功。我不希望是做一件具体的事情而成功，而是希望我能帮助他们搭平台，协助他们成功。"

坚持，忍耐，宽容，细心，有人情味，这些并不深奥，但真正做到是很不容易的。何恩培高就高在这里：别人不一定能做到的，他做到了，所以他获得了成功。

用微笑来对待人生

世界上有一种不会凋谢的花朵，那就是微笑，它不分四季，不分南北，只要有人群的地方就会开放，越是纯洁的心灵，越是为其之美。

微笑像阳光，给大地带来温暖；微笑像雨露，滋润着大地。微笑拥有和爱心一样的魔力，可以使饥寒交迫的人感到人间的温暖；可以使走入绝境的人重新看到生活的希望；可以使孤苦无依的人获得心灵的慰藉；还可以使心灵枯萎的人感到情感的滋润。

向生活微笑，就是以善良和真诚善待身边的每一个人，你向别人微笑，别人也会投之以微笑。生活中人人脸上开满花朵一样的微笑，那肯定是最美好的生活。一个微笑对待人生的人，肯定拥有最美丽的人生。

1. 陈忠和——迷人微笑的背后

中国女排在 20 年后再一次站在奥运会的最高领奖台上，最吸引人们的也许是中国女排主教练陈忠和灿烂的微笑，人们津津乐道的也是陈忠和的微笑！然而，在陈忠和迷人微笑的背后，曾有多少质疑、责难与悲伤。

2001 年，陈忠和在媒体以及同行的质疑声中上任。因为他从来没有担任过主教练，他只是袁伟民时代的陪练，只是郎平、胡进的助理教练；因为他从来不是国家队队员，即便在福建队的时候，他也只是替补。

上任之后，因为组队，陈忠和受到更大的质疑。他没有留用前任的主力球员，而是启用一批新人，其中包括使用当时在北京队都不是主力二传的冯坤来担任主力。他的选人，他的组队，被称为乱点鸳鸯谱。

2002 年在世界锦标赛中，为了取得更好的成绩，陈忠和因为选择对手，被指责为违背体育道德，结果遭遇舆论的猛烈抨击。

2004 年雅典奥运会，在赵蕊蕊受伤 142 天之后，重返赛场。在首轮与美国队的比赛中，上场 3 分钟，赵蕊蕊再度受伤。陈忠和受到“不人道”的指责。

与执教之中的质疑、责难相比，陈忠和的奥运之路也充满了遗憾、悲伤与不平坦。1984 年，因为名额，陈忠和没有随队去洛杉矶；1992 年，他的妻子因为车祸而丧生；1996 年，他的母亲因为脑出血而偏瘫；2000 年，他的父亲在比赛期间去世；2004 年 3 月，赵蕊蕊受伤。

然而，在质疑中、在悲伤中，陈忠和没有辩解，没有倒下，他能做的就是微笑，用微笑缓解压力，用微笑化解悲伤，用微笑激发球员的潜能，用微笑激励球员的斗志，用微笑激怒着对手。

在微笑中，陈忠和带领中国女排十一战十一捷取得 2003 年世界杯冠军，“五连冠”后的 17 年；中国女排战胜俄罗斯队，在 20 年后再次成为奥运会冠军，再次复活了女排的拼搏精神！

在陈忠和微笑的背后，是他的执着，他的主见，他的坚持，他的厚道。

我们应该像陈忠和那样，学会向生活微笑。向生活微笑的人，生活也会向他微笑。生活就好比打桥牌，抓到手里的牌不管好坏我们都要耐着性子把它打完，并尽最大努力打好。生活亦是如此，不管前面的路有多坎坷，我们都要保持平和的心态去面对。

2. 拥有快乐的女孩子——珍妮

一个人的快乐不是因为她拥有得多，而是因为她计较得少。多是负担，是另一种失去；少不是不足，而是一种更宽泛的拥有。在生活中，我们一定要让自己豁达些，因为豁达才能把快乐带给自己。道理显而易见：当我们拿花送给别人时，首先闻到花香的是我们自己；当我们抓起泥巴扔向别人时，首先弄脏的是我们自己的手。一句温暖的话就像往别人身上洒香水，自己也会沾上几滴，所以要时时心存善意，豁达待人。

珍妮是个农村的女孩子，后来到城里一家服装店当店员。她聪明，能说会道，有她在，生意总是兴隆。可以说她是天生的说客，只要有客人来，即使只是想来看看的最后也是满载而归。后来珍妮就自己做，也开了一间服装店，没到两年就做了名牌西服的专卖店。可是正当她收入多多的时候，她的厄运也来了。先是过马路的时候被汽车碾了脚趾，后来她走路就变得一边高一边低。但是她是个坚强的女孩子，她对于自己的不幸，独自承受了，她照样跟朋友们一起聚会，甚至于她经常大胆地出入舞厅跳舞。可是并不因此她的厄运就结束了，她的脑部生了一种瘤，当花了很多钱，吃了很多苦治好以后，她便卖了自己的店，买了一套住房，同时买进一间门面房。她想过安逸一点的日子。装修了商品房之后她就住进去，门面租给别人，每月有 1500 元的收入。然后她就是想好好地把自己嫁出去。可是由于脚下不便，加上由于脑病之后，她整个人像吹气一样发胖。虽然她很有毅力，坚持锻炼，但也比同龄的女孩子显得肥胖。尽管她很能干，也有婵娟一样的面容，但是她只能找一个年岁比她大，而且家境贫寒的男人。应该说日子还算过得去，可是她结婚之后又发现一个让她痛苦的问题，就是她迟迟不能怀孕。她想要一个孩子，她想要做妈妈，这个在别人看来最简单的要求都难以达到。她花了很多钱也没看好。生活一直在考验着她，撕扯着她。但是她并没有倒下。

珍妮踏入保险行业，全心全意地跑业务。她从工作中找到了支点。由于她的精明能干，也由于她的朋友众多，更由于她的敬

业认真。她在不到3年的时间成了保险之星，每年她都是公司奖励的对象。她太能干，每一个保户最后都成了她的朋友；而每一个朋友，甚至是朋友的朋友都成了她的保户。在和朋友们一起的时候，总是能听见她在高声欢笑。她总是在讲一些有趣的故事，什么事情经她一描述，就变得有趣起来。外人根本看不出她有什么烦恼的事。在一个妇产科专家朋友的帮助下，总算是让她怀孕了。正当她准备做妈妈，辞去如日中天的保险事业的时候，又发生了一件让她难过的事。她是准备怀孕到肚子能看出来的时候就辞职，可是在一个风雨交加的夜晚，她不小心受了凉，然后很快就流产了。医生告诉她要再怀孕的机会更少了。人们知道这个事都替她惋惜。可是不知道这个事的人，一点也没有看出她发生过什么。真的，她还是笑得那么灿烂，还是继续做着保险，还是每天忙忙碌碌，总是把欢笑带给大家。

珍妮真是个坚强的人。她始终认为，不管遇到什么，既然生活在继续，快乐是一天，不快乐也是一天，何不快乐无比地过好每一天，让你周围的朋友看到的总是你的快乐而不是悲伤呢。这样大家都会受到快乐的感染，都会比较快乐一点的。

是呀，生活也正是这样。其实，只要我们放眼生活的角角落落才会知晓，我们多侥幸，多占便宜！也许正是我们的付出与我们的收获不成比例，“上帝”才把更多的苦闷施加过来，好让我们品尝。微笑迎接生活，苦难也会变成珍藏！谁能说，苦难不是一面镜子，艰苦不是一生难得的经历。

微笑对待生活，生活也会给你很多快乐。你的微笑，给了世界一些祥和，你自己也多享受一些祥和；你的微笑，给了别人多少舒畅，你自己也会加倍地得到舒畅；你的微笑让困难变小，让友爱放大。微笑着走过，身后留下欢乐的歌声一串串……

正像有人说的“乐也一生，悲也一生”，我们对待世界的态度决定着我们的所得。处在凄苦的意识中看生活，看困难，看挫折，看问题，往往没有出路。要不，为什么生活越来越好，采用极端的手法逃避生活的人越来越多了呢？我们为什么不能换一种态度来观察生活，迎接生活中的各种挑战？为什么不能笑对这一切，并把这些都当成人生难得的考验、平淡生活中的奇趣呢？只要你相信劳动，相信奉献，相信友爱，你能感受的生活也一定更美好！

养成快乐的心理习惯

快乐可以成为一种行为习惯，而究其本质，快乐实际上是一种心理状态。人们常说，心理状态决定命运，不错，快乐的心态决定快乐的命运。养成快乐的心理习惯，我们就成为自己命运的主人，因为快乐的习惯将使我们不受外在条件的支配。

有则寓言讲，一位花天酒地的国王总是郁郁寡欢，便亲自外出寻觅快乐。当他看到一位穷苦的农夫正放声唱歌时，就问：“你快乐吗？”农夫回答：“当然快乐。”国王颇感费解：“你这么穷，也能有快乐？”农夫回答：“我也曾因为没有饭吃而苦闷沮丧，等我遇到一个没有手的人以后，才发现我比他快乐得多，我可以用双手去播种、耕耘。”

寓言虽短，但它告诉我们：快乐不过是一种感觉，而不快乐

则是因为忘了感受或不善感受快乐！快乐并不神秘，也不遥远，快乐就在我们的身边，关键是你必须爱生活，必须会感受。

1. 你快乐吗？

这是一个简单的问题。也是一个复杂的问题。

有人曾就这个问题询问过许多朋友，大家的反应出奇的相似，先是一愣，然后便是神色茫然。

“快乐？偶尔有，但很短暂。”一位朋友沉思良久后回答。“平时有那么多的事情让你烦心，周围的人有的买了房，有的升了职，有的出了国……这世界变化太快啦，你能不急吗？你得拼命地往前赶，哪儿有时间快乐呢？快乐，将来吧！”

看看吧，我们身边的许多人是不是每天都在不停地奔忙着？是不是许多人都把“忙着呢”“烦着呢”“真让人着急”等语言挂在嘴边？

“这是一个焦虑的时代，所有的人都迫不及待，甚至我们身边的空气都弥漫着焦虑的气息……”一位心理咨询专家的话道出了问题的实质。

“等我赚够了钱，就没什么揪心的事儿了，”另一位朋友说，“到时候我会很快乐。”

2. 有了钱就会快乐吗？

一个股票超级大户，靠原始股和期货掘得了第一桶金，并使自己的财富积累迅速增长。现在他几个证券账户的资金超过2

亿。大家都认为这样一个富翁有足够的资本快乐，不论是精神的还是物质的。

可是大家相处几年，发现这个富翁并不快乐，而常见的是他愁眉不展，整天忧心忡忡。他年复一年地期望，日复一日地忧思，没有轻松，没有快乐。

英国著名的心理咨询师洁西·欧尼尔女士指出，有钱人普遍因拥有庞大的财富而出现难以调适的心理机能障碍，因此，人们对这些富豪们，也应该像对贫苦大众的同情心一样给予关怀。

我们是否该从梦中醒来，放松心思，恢复固有的灵性，从容地去感受生活中的点滴快乐呢?

快乐真的很难，是吗?

也许一开始我们几乎都是这样认为的。可是，当我们结识了许多快乐的人，感受到他们发自内心持久的快乐，品味他们言行举止间自在圆融的快乐习惯，我们意识到，快乐是容易的。

是的，快乐很容易！因为，快乐只是一种习惯。

3. 快乐——你的感受是什么

简单地说，快乐就是一种积极的感受。从心理学的角度讲，快乐是盼望的目的达到，紧张解除后继之而来的情绪体验。它是人类最基本的情绪之一，一个人的需要得到满足后，就会产生喜悦、满意、振奋的情绪。

快乐的情绪是一种美好的感受。快乐伴随着满足感，使个体更易理解周围让人紧张和不满意的问题，使个体处于宽容之中；快乐更易使人体验到人与事或人与人之间存在的鲜明关系，使个体处于和谐亲切之中；快乐使人自信地享受生活的乐趣，可使人精神振奋，此时，人会觉得世界上的一切都是美好的，似乎鸟儿会向你唱歌，月儿在向你微笑；快乐使个体具有超越感和自由感，能减缓、抑制其他情绪，使个体在现实中感到轻松、活跃、主动。

我们总是有太多的愿望，为自己定下太多的目标，所以我们总是把快乐放到未来，把快乐供奉在内心深处，而逼迫着自己付出当下全部精力为未来的快乐不停地努力，从而忽视了身边的快乐。

我们总是在想：如果能够如何如何的话，我就会快乐。而这个“如何”（可能是赚更多的钱、买到房子和汽车、升迁至理想的职位或找到一个可心的爱人等）并不在眼前，那么快乐就要等到将来，“如何”实现后才能享受，所以快乐就被我们收藏了起来。姑且不说将来“如何”能否实现，会受到种种条件的制约而有很大的不确定性，使快乐成为一种人生的赌注；即使将来“如何”真的实现了，你可能会发现你并没有真的快乐起来，因为你已习惯于把快乐放到未来，你又会为自己设定新的目标。这种习惯使你忽视并浪费了当下生活的快乐。

人人渴望快乐，然而快乐不是不请自来的，需要我们培养和创造。记得林肯说过：一个人只要想快乐，就可以办到。有位心理学家也曾说过：快乐纯粹是内在的，它不是由客体，而是由于观念、思想和态度而产生的。现实生活中，没有一个人能随时感到百分之百的快乐。所以在人生的道路上，不论发生什么事，都不要逃避，而要面对它们，以一种进取和明智的方式同它们争斗，养成勇往直前、积极对付艰难困苦的习惯。快乐属于那些不怕艰难困苦的人，只有通过自己的努力，克服困难，才能取得真正的快乐。

人生低谷对每一个人来说都是一笔财富

1. 成功的人都是敢于梦想的人

人宁可因梦想而忙碌，也不要因忙碌而失去梦想。从来也不梦想的人，生活必定平淡庸俗。

成功是每一个人的梦。这个梦与生命同在，至死方休。按照弗洛伊德的理论，人生来就有“做伟人”的欲望。“做伟人”其实就是“成功”的集中表现。成功是获得赞美与尊重最有效的途径，也是人的共性。可以这么说，成功的渴求与生俱来。

所以留住梦想，你会在人生低谷的转折点中找到实现梦想的基点，让你的梦想变为现实。放飞梦想，梦想是我们前进的动力；梦想是我们搏击巨浪的双桨；梦想是我们披荆斩棘的利斧；梦想是我们自由遨游的翅膀。

成功是人人所盼望的，成功意味着富足、健康、幸福、快乐、力量……如果你想美梦成真，那就得把从低谷走向成功看成一个人生的过程、一种生活的方式、一种心灵的嗜好、一种生存的策略。

2. 不要害怕贫穷，只要你永葆一颗进取的心

我们现在大多数人都来自贫民家庭，许多成功人士也是贫民出身。我们没有很好的背景，我们所拥有的只是一颗进取的心，只要我们不懈地努力奋斗，我们就一定能够从贫穷中走出来，获得更多的财富和成功。

3. 你可以平凡，但不能平庸

平庸是一种既被动又功利的人生态度。人可以平凡，但不能平庸。人的能力有大小，只要你努力工作，我想每个公司都会为那些平凡而努力的人提供机会。

4. 年轻时不要怕，年老时不要悔

30 年前，一个年轻人离开故乡外出创业。他动身前先去拜访本族的族长，请求指点。老族长正在练字，听说本族有位后辈开始踏上人生的旅途，就写了 3 个字：不要怕。然后抬起头来，望着年轻人说："孩子，人生的秘诀只有 6 个字，今天先告诉你 3 个，供你半生受用。"

30 年后，这个年轻人已是人到中年，事业有了一些成就，也添了很多伤心事。归程漫漫，到了家乡，他又去拜访那位族长。他到了族长家里，才知道老人家几年前已经去世，家人取出一个密封的信封对他说："这是族长生前留给你的，他说有一天你会再来。"还乡的游子这才想起来，30 年前他在这里听到人生的一半秘诀。拆开信封，里面赫然又是 3 个大字：不要悔。

人趁年轻时要努力奋斗，奋斗过后就不后悔，年轻时确实没有什么可怕的，年轻就是资本。你可以把这一资本投入任何你想干、喜欢干的事业中去。你可以去当公务员，可以当教师，可以经商，可以当管理者等，直到找到你喜欢干的事业，为之奋斗，直到成功。

5. 做一个积极的思维者

成功者都有一个共同的特色，是要积极地思维，只有积极地思维才能找到希望，让你自己靠近成功，最后取得成功。

一位苏格兰王子在看蜘蛛结网时突然明白了人生的真谛。可怜的蜘蛛结一次不成，就掉下来一次。屡败屡战、屡下屡上，直至掉下来七次，终于结成了网。人生何尝不是如此？危机与生机，失望与希望，消极与积极，从来都是交织在一起，一定会有后退，会有逆境，但勇士恰是在后退的逆境中依然奋进着。

翻开史页，让我们回顾一下在历史上曾有深远影响的人物：拿破仑在军事院校就读时曾立誓，要做一名卓越的统帅并吞并整个欧洲。由此，他的勃勃野心可见一斑。在院校期间，他将自己定位在一个很高的标准，严格要求自己，最终以优异成绩做了一名炮兵，开始了他的霸业之旅。成吉思汗扬言大地是我的牧场，有雄鹰的地方就有我的铁骑，造就了成吉思汗时代。同样，看一下现代中国。在改革开放的浪潮中，一批不甘平凡、勇于挑战的弄潮儿们脱颖而出。借着改革的东风，他们几乎都成了浪尖上的人物，都富裕了。

是的，一个人的成功，不能只从他获得多少成绩来衡量，还应该把他在争取成功的过程中，克服了多少困难，享受了多少乐趣计算在内。人生的低谷对每一个人来说都会是一笔财富。